초전도란 무엇인가

왜 일어나는가? 어떻게 사용하는가?

오쓰카 다이이치로 지음
김병호 옮김

전파과학사

머리말

오랫동안 아름답고 우아한 옷 속의 알맹이를 보이려 하지 않았던 초전도 현상이 바딘, 쿠퍼, 슈리퍼(BCS) 등에 의해 해명된 것은 발견으로부터 46년째인 1957년의 일이다. 그해 미국의 친구에게 받은 크리스마스카드에 지난달에 어떤 고명한 이론 물리학자가 BCS 이론을 소개하고 끝에서 "이것은 초전도 연구의 마지막의 시작이다."라고 말했던 일이 요즘에 와서 생각난다.

한때 그 '마지막'이 예상보다 빠르게 오지 않을까 하고 생각했던 사람도 있었으나 그것도 잠깐 동안, 1960년대에 들어와 터널효과, 자속 양자화와 꿈에도 생각지 못했던 높은 자기장까지 초전도성을 유지하는 재료, 그리고 조셉슨 효과가 잇따라 발견되어 초전도가 아직도 비밀로 숨기고 있었던 것들이 밝혀지게 되었다. 내가 초전도 연구를 시작한 것은 초전도가 눈이 어지러울 정도로 모습을 새로이 해가고 있을 즈음이다.

이들 발견은 BCS 이전에는 생각조차 못 했던 초전도의 응용분야를 열어놓았다. 당초 온갖 꿈이 얘기되었으나 초전도가 그렇게 호락호락 이용될 성싶냐는 완고한 면도 있어서 이것을 길들이는 데 10년 이상의 세월이 걸렸다.

초전도 응용에 있어서의 약점은 극저온 환경을 필요로 한다는 점이다. 보다 높은 온도에서 초전도가 되는 물질은 없을까?

이것은 응용뿐만 아니라 기초과학의 면에서도 흥미를 일으키는 과제였으나 각종 물질의 다종다양한 성질을 치밀하고 참을성 있게 계통적으로 추구하여 나가지 않으면 안 되는 어려운 과제이기도 하였다. 유감스럽지만 물질의 다양한 성질을 너무나도 민감하게 반영하는 임계온도의 이론은 도움이 되지 않았다. 고임계온도 산화물 초전도체를 작년에 발견한 스위스의 베드노르츠와 뮐러 두 박사는 오랜 기간 산화물의 전기적 성질을 연구하여 온 유전체(誘電體)의 전문가이지, 초전도체의 전문가는 아니었다는 것은 고임계온도 문제의 어려움을 상징하는 것이라 말할 수 있을 것이다. 이 발견은 초전도 연구의 '마지막'을 먼 장래의 것으로 만든 훌륭한 발견이었다. 그렇지만 지금까지 미약하게 보였던 초전도는 어떤 비밀을 아직도 숨기고 있을까?

이 책의 집필 의뢰를 고단사(講談社)의 오고세(生越孝) 씨에게 받은 것은 7년 전의 일이다. 길어도 1년이면 집필을 완료 하리라고 가볍게 받아들였던 것이, 쓰기 시작하자 곧 고교생이나 문과계 출신의 독자도 알 수 있도록 써달라는 요청을 만족시킨다는 것이 얼마나 어려운가를 절실히 깨닫게 되었다. 그런 까닭에 오고세 씨에게 금년에는 반드시 마치리라 약속하는 사이에 세월이 흘러 초전도를 모르는 사람이 오히려 드물어졌다. 1년 전에는 상상조차 할 수 없던 세상이 되어버린 것이다.

완성된 원고를 읽어보면 넓은 층의 독자들이 알기 쉬운 내용과는 거리가 너무 먼 것같이 생각된다. 다소나마 읽기 쉬워진 것은 원고의 구석구석까지 훑어보아 주고 유용한 충고를 하여 준 고단사의 야나기다 씨에게 힘입은 바 크다. 야나기다 씨와 오랫동안 걱정을 끼쳐온 오고세 씨에게는 진심으로 감사를 드린다.

초전도(超傳導)는 超電導라고도 쓰인다. 예로부터 있던 것은 '傳' 자와 우연히 발음이 같다는 것과 초전도체는 전기를 저항

없이 통과시키나 열은 별로 잘 통과시키지 않는다는 이유도 있
어 20년쯤 전부터 '電' 자가 나타나기 시작하였다. 나는 예로부
터 익숙하다는 것 말고도 어디까지나 발견자 카머린 오네스가
명명한 Superconductivity(超傳導)를 존중하는 생각에서 이 책
에서는 '傳' 자를 사용하였다는 것을 밝혀둔다.

가을 후지자와에서
오쓰카 다이이치로

차례

8

1. 막이 오르기 전

저온을 만든다

인간은 태곳적부터 불을 피워 따뜻함을 얻을 줄 알았다. 이것에 비해 인간이 '차가움'을 만들어 낼 수 있게 된 것은 약 200년 전의 일이다. 차가움을 만든다는 것은 간단하지 않다. 이것은 우리 주위를 보아도 알 수 있다. 따뜻함을 얻기 위해서는 등유나 가스 등을 태우면 된다. 그러나 냉장고나 쿨러(냉각기)가 차가움을 만들어 내기 위해서는 복잡한 기계를 돌릴 필요가 있다.

1799년에 실온에서는 가스상 암모니아를 수 기압까지 압축하면 액체가 된다는 것을 발견하였다. 수 기압하에서의 액체 암모니아의 끓는점은 실온(약 20℃) 근처나 1기압에서는 마이너스 33.3℃로 저온 쪽으로 내려간다. 따라서 기압을 1기압으로 감압하면 맹렬하게 끓어오르는 저온의 암모니아액이 얻어져, 증발하는 가스가 빼앗아 가는 기화열이 냉동에 사용된다. 증발된 가스를 다시 압축하여 액화하는 과정을 되풀이하고 있는 것이 냉장고에 사용되고 있는 냉동기의 원리이다. 다만 냄새가 심한 암모니아 대신 현재는 푸란(Furan)이 사용되고 있다.

19세기에 들어와서야 각종 가스가 액화되기 시작하였으나 공기나 공기의 주성분인 산소와 질소는 실온에서 아무리 높은 압력에서 압축하여도 액화되지 않는다는 것을 알았다. 이들 가스는 당시 영구가스라고 부르게 되었다. 연구가 진전됨에 따라 실온에서 압축하는 한, 영구가스는 문자 그대로 액화되지 않으나 가스의 종류에 따라 다른 어떤 임계온도 이하로 내려서 압축하면 액화된다는 것을 알게 되었다.

1887년 프랑스의 카이에트(Cailletet)와 스위스의 피크트(Pictet)가 완전 독립적으로 거의 동시에 영구가스의 하나인 산소의 액화에 성공하였다. 산소가 끓는점은 -183℃의 낮은 온도이다. 이 성과에 따라 처음으로 극저온의 길이 열린 것이다.

열과 온도

물체에 열을 가하면 온도가 올라가고 열을 뺏으면 온도가 내려간다. 이와 같이 매우 흔한 현상이 올바르게 이해된 것은 19세기 중반경이다. 열은 직접 감각적으로 느낄 수 있으나 힘이나 속도와 같은 역학적 양에 비해 요령 부득한 양이다. 수은온도계가 생겨 온도를 정밀하게 측정하게 된 것은 오래된 일이지만 열의 정체를 알 수 없는 한, 측정된 온도가 무엇을 의미하는지 매우 모호하다. 셀시우스(Celsius)와 파렌하이트(Fahrenheit)가 생각한, 현재도 사용하고 있는 섭씨(℃), 화씨(℉) 온도 눈금은 편의상 정한 것으로 원리적 의미를 갖는 것은 아니다.

1798년, 미국 태생으로 유럽에서 다방면에 걸쳐 놀라운 솜씨를 발휘한 럼퍼드(Rumford)가 뮌헨의 포병공병창에서 포신을 깎을 때 빨갛게 달구어지는 것에 힌트를 얻어 '열은 운동의 한 형태이다'라는 설을 내놓았다.

나무를 서로 문지르거나 돌을 두드리거나 하면 마찰열로 불을 일으킬 수 있다는 것은 예로부터 알려져 왔다. 운동하는 물체는 **운동에너지**를 가지며, 정지하여 있어도 중력에 거역하여

〈그림 1-1〉 나무를 서로 비벼 생기는 마찰열로 불을 일으키는 것은
아주 오래전부터 알려져 있다

높은 위치에 있는 물체는 **퍼텐셜에너지(위치에너지)**를 갖는 역학적 에너지의 개념도 뉴턴역학에서 확립되어 있었다.

나무를 서로 문지르기 위해서는 기계적인 일을 하여야 된다. 표현은 다르나 럼퍼드는, 열은 이 일이 모습을 바꿔서 나타난 **에너지의 한 형태**라는 것을 간파한 것이다.

럼퍼드의 생각이 곧 받아들여진 것은 아니었다. 분명히 매우 알기 어려운 설이며 열과 온도와의 관계도 정확하지 않았다. 그보다 열은 '열소(熱素)'라는 물질이 짊어진 것으로 열소가 많을수록 온도가 높고, 적을수록 온도가 낮다는 열소설이 그 당시 알기 쉽고 유력한 설이었다. 결국 열소는 환상적 물질로 끝났으나 그 망령이 사라져 버리고, 럼퍼드의 탁견이 올바로 인식될 때까지는 반세기 가까운 세월이 필요하였다.

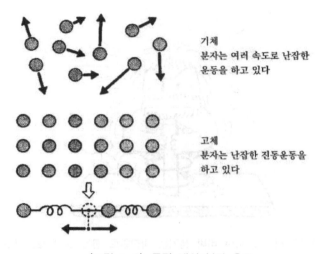

기체
분자는 여러 속도로 난잡한
운동을 하고 있다

고체
분자는 난잡한 진동운동을
하고 있다

〈그림 1-2〉 물질 내의 분자 운동

마이크로와 매크로 및 열운동

잘 알려져 있듯이 물질 1㎤ 중에는 $10^{22}{\sim}10^{23}$개의 방대한 수의 원자와 분자가 있다. 이와 같이 방대한 수의 분자로 된 계열을 보통 **거시계**(巨視系) 또는 영어의 Macroscopic을 줄여 **매크로계**라고 부르고 있다. 이것에 대해 매크로계를 구성하고 있는 요소(분자, 원자, 전자 등)를 **미시계**(微視系) 또는 **마이크로계**라고 부르고 있다.

물질 내의 분자는 격렬하게 운동하고 있다. 기체의 경우, 분자는 사방팔방으로 자유롭게 운동하고 있으나, 고체가 되면 분자 간에 작용하는 힘에 의해 분자는 질서 있는 배열로 안정된다. 그러나 운동을 중지한 것은 아니고 각각의 분자는 안정된 위치에 용수철로 매여 있는 것과 같은 진동운동을 하고 있다.

럼퍼드는 열은 운동의 한 형태라고 제창하였으나 그 '형태'라

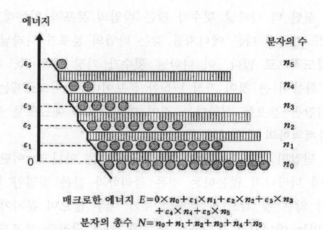

$$E = 0 \times n_0 + \varepsilon_1 \times n_1 + \varepsilon_2 \times n_2 + \varepsilon_3 \times n_3$$
$$+ \varepsilon_4 \times n_4 + \varepsilon_5 \times n_5$$

분자의 총수 $N = n_0 + n_1 + n_2 + n_3 + n_4 + n_5$

〈그림 1-3〉 같은 매크로한 에너지 E와 분자 총수 N을 주는 (n_0, n_1, n_2, n_3, n_4, n_5) 조합은 많이 있다.

는 것은 많은 수의 분자가 행하는 전혀 규칙성이 없는 난잡한 운동을 말하는 것이다. 이것을 분자의 열운동이라고 한다. 이 난잡성은 분자가 각종 에너지를 제멋대로 취할 수 있다는 것을 의미하고 있다. 다만, 어떤 온도에서 매크로계는 전체적으로 일정한 에너지를 갖고 있기 때문에 분자가 갖는 에너지의 총계는 매크로계의 에너지와 같지 않으면 안 된다는 제약이 있다. 이 제약을 만족하도록 분자는 각종 에너지 상태로 분포해 있다.

분자의 에너지 분포 방법에는 각종 타입이 있을 수 있다. 예를 들어, 1개의 분자가 매크로계와 같은 에너지를 갖고 다른 분자의 에너지는 모두 제로인 분포의 타입도 있을 수 있다. 어떤 분자라도 매크로계와 같은 에너지를 가져도 좋기 때문에 분자를 흩뿌렸을 때 이 타입의 분포가 나타나는 횟수는 분자의 수만큼 있어 매우 많다. 그렇지만 이와 같이 매우 극단적인 분포보다 훨씬 더 나타날 횟수가 많은 타입의 분포가 있는데, 그 중에서도 가급적 다른 에너지를 갖는 타입의 분포가 나타날 횟수는 압도적으로 많다. 이 나타날 횟수가 가장 많은 즉, 가장 나타날 확률이 큰 것이 가장 **난잡**한 분포이다. 마이크로계는 이 가장 난잡한 분포를 취한다는 것이 마이크로와 매크로를 연결하는 통계역학의 출발점이 되어 있는 것이다.

가장 난잡한 분포가 확실히 나타나는 것은 아니고, 어떤 확률로밖에 나타나지 않는다는 것은 물리학과 같은 정밀한 학문에 맞지 않는 것 같으나, 분자의 수가 매우 많으며 분자가 취할 수 있는 에너지가 무수하기 때문에, 가장 난잡한 분포가 나타날 횟수는 다른 타입의 분포가 나타날 횟수를 제로로 보아도 좋을 정도로 압도적으로 많으며, 그런 의미에서 확실히 나타날 수 있다고 생각하여도 좋을 것이다.

질서와 무질서 및 절대영도

같은 마이크로 상태를 나타내는 가장 난잡한 타입의 분포가 셀 수 없을 정도의 많은 횟수로 나타난다는 것은 매크로하게 보아 분별할 수 없는 상태가 많이 있다는 것을 의미한다. 이와 같이 매크로적으로 보아 분별할 수 없는 상태의 수 W를 **열역학적 중률(重率)**이라고 부른다. 가장 난잡한 분포가 실제로 나타난다는 것은 열역학적 중률 W의 가장 큰 분포가 실제로 나타난다는 것이다.

W는 매크로계의 난잡성의 정도(크기)를 측정하는 자($尺$)라고 할 수 있다. W가 작은 매크로계는 난잡성이 비교적 작은 즉, **질서**가 높은 상태에 있으며, W가 큰 매크로계는 비교적 난잡한

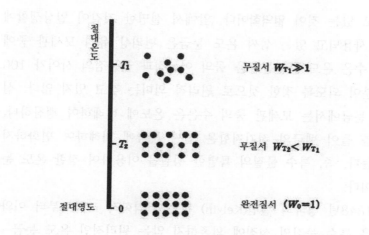

〈그림 1-4〉 열역학적 중률 W

무질서 상태에 있다. **열**을 가해 온도를 올리면 매크로계의 에너지가 커지기 때문에 분자는 보다 높은, 보다 많은 마이크로한 에너지를 갖게 되기 때문에 중률 W가 커진다.

반대로 매크로계에서 열을 빼앗아 온도를 내리면 중률은 작아진다. 열을 빼앗아 가면 더 이상 열을 빼앗아 갈 수 없는 매크로계의 열에너지가 제로인 상태에 도달한다. 이 상태에서는 모든 분자는 에너지가 제로인 상태를 차지하고 있어야 한다. 이와 같은 분포 방법은 한 가지밖에 없다.

따라서 중률 W는 1이다. W=1인 상태를 **완전질서상태**라고 한다. 이와 같이 그 이상 열을 뺏어 난잡성을 없앨 수 없는 완전질서상태가 그 이상 온도를 내릴 수 없는 **절대영도**에 해당하는 것이다.

통계역학에서는 물질의 마이크로적 구조가 고려되고 있으나, 마이크로한 면은 고려하지 않고 매크로한 에너지 관계를 논의

20

하고 있는 것이 **열역학**이다. 앞에서 설명한 것같이 일상생활에서 사용되고 있는 섭씨 온도 눈금은 편의상 유리 모세관 중에서 수은 온도계의 눈금을 물의 어는점과 끓는점의 사이가 100 등분이 되도록 정한 것으로 원리적 의미는 갖고 있지 않다. 섭씨 눈금에서는 모세관 중의 수은은 온도에 비례하여 팽창하나, 예를 들어 백금의 전기저항은 섭씨 눈금에 비례하여 변화하지 않는다. 즉, 특수 물질의 특별한 성질을 이용하여 정한 온도 눈금이다.

1848년 영국의 켈빈(Kelvin) 경은 열역학적 고찰로부터 이와 같은 특수 물질의 성질에 의존하지 않는 원리적인 온도 눈금—**절대온도 눈금**—을 도입하였다.

절대영도는 이 절대온도 눈금의 0°에 해당하는 것이다. 절대온도 눈금으로 측정한 온도는 기호 K로 나타내고 있다. K는 켈빈의 약자이다.

이상기체와 에너지 등분배법칙

분자 간의 상호작용을 무시할 수 있으며 한개 한개의 분자가 다른 분자와 관계없이 떠돌아다니는 기체를 **이상기체**(理想氣體)라고 한다. 이상기체의 압력 P와 체적 V의 곱 PV는 온도가 일정할 때는 일정한 값을 가지며, 섭씨 눈금으로 측정한 온도를 t℃ 라고 하면 PV=nR(t+273)에 따른다. 이것은 잘 알고 있는 보일-샤를(Boyle-Charls)의 법칙으로 R는 기체 상수(R≈8.3줄/몰 K), n은 기체의 몰수이다. 여기서 273이라는 수치는 이상기체가 기체의 종류에 관계없이 1도당 체적이 0℃의 체적에 대해 273분의 1씩 변화하는 것으로부터 나온 것이다.

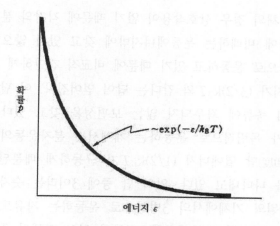

<그림 1-5> 가장 나타나기 쉬운 볼츠만 분포

켈빈이 어떤 고찰에 의해 절대온도 T를 정의하였는가에 대해서는 설명을 생략하지만, 절대온도 눈금과 섭씨 눈금 사이의 관계는 $T(K)=(t℃+273)$로 되어 있다. 대표적 실험 결과를 평균하여 현재 1기압하에서 물이 어는점은 절대온도로 $273.15K$로 정의되고 있다.

절대온도 T를 사용하면 보일-샤를의 법칙은 PV=nRT로 나타낸다. 이 법칙의 기초가 되고 있는 것이 **에너지 등분배법칙**이다. 앞에서 분자는 각종 에너지를 가진 특별한 분포를 취한다고 설명하였으나, 이것은 1개의 분자가 에너지 ε_i를 취할 확률 pi가 지수함수 $\exp(-\varepsilon_i/k_BT)$에 비례하는 분포이다. 이것을 **볼츠만**(Boltzmann) **분포**라고 한다.

k_B는 볼츠만 상수로 기체상수 R과 R=N_ak_B의 관계가 있다. 여기서 N_a는 1몰 중의 분자의 수(아보가드로수 $N_a≈6×10^{23}$/몰)이다. 분포를 알면 분자가 갖는 평균에너지를 구할 수 있다. 특

히 이상기체의 경우 상호작용이 없기 때문에 각각의 분자는 속도의 제곱에 비례하는 운동에너지밖에 갖고 있지 않으며 더구나 독립적으로 운동하고 있기 때문에 비교적 간단하게 1분자당 평균에너지가 $(3/2)k_B T$와 같다는 답이 얻어진다. 이 답의 특징은 기체의 종류에 좌우되지 않는 보편성을 갖고 있다는 점이며, 분자가 독립적으로 운동하는 계에서는 분자운동의 하나인 **자유도**(自由度)당 열에너지 $(1/2)k_B T$가 균등하게 배분된다는 **등분배법칙**을 나타내고 있다. 앞의 답 중에 3이라는 숫자가 붙은 것은 3차원의 기체에서의 3방향으로 운동하는 자유도를 갖고 있기 때문이다. 이 등분배법칙으로부터 역시 기체의 종류에 좌우되지 않는 보일-샤를의 법칙이 유도된다.

분자의 평균에너지가 $(3/2)k_B T$로 주어지는 것은 헬륨(He)과 같은 단원자 분자 기체인 경우이다. 이것에 대해 수소분자 H_2는 2개의 수소 원자로 된 2원자 분자로 자유롭게 돌아다니는 것 이외에 2개의 원자가 서로 진동하거나 원자를 연결하는 축 주위에 회전하거나 할 수 있기 때문에 운동의 자유도가 증가한다. 더구나 고체가 되면 분자는 특정 위치에 안정하게 되어 **결전 격자**를 만드나, 분자는 서로 분자 간 힘에 해당하는 용수철로 연결된 것같이 되어 있기 때문에 정해진 위치(격자점) 부근에서 진동하고 있다. 이 경우 이상기체와 달리 강한 분자 간 힘이 작용하고 있으나, 진동운동은 서로 독립된 이상진동자계라고 볼 수 있기 때문에 역시 등분배법칙에 따르는 **평균에너지를** 갖는다. 다만, 진동자는 운동에너지 이외에 용수철 힘에 의한 위치에너지를 가지며, 더구나 두 에너지의 **평균값은** 같기 때문에 1방향의 진동운동당 자유도는 2가 된다. 따라서 N개의 분자로

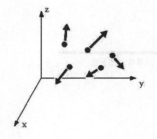

원자는 각종 운동에너지를 갖고 난잡한 열운동을 하고 있으나, 1개의 원자는 평균 $k_B T \times 3$(3방향 x, y, z)의 에너지를 갖고 있다

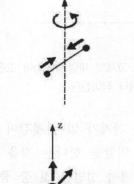

수소와 같은 원자분자는 이외에 진동과 회전의 자유도가 있기 때문에 평균 $k_B T \times 5$의 에너지를 갖는다

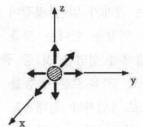

진동자는 운동에너지 이외에 위치에너지를 갖기 때문에 $k_B T \times 2 \times 3$(3개의 방향 x, y, z)의 에너지를 갖는다

〈그림 1-6〉 원자가 갖고 있는 각종 에너지

된 고체의 격자진동계는 열에너지 $2 \times \frac{1}{2} \times 3Nk_B T$로 주어지게 된다. 열에너지 ΔQ가 주어질 때 물질의 온도 변화 ΔT와의 비율 $\Delta Q / \Delta T = C$를 물질의 **열용량**이라고 한다. 고체의 경우 $\Delta Q = 3Nk_B \Delta T$이므로 열용량은 $C = 3Nk_B T$가 되며 온도에 좌우되지 않는 일정값을 갖게 된다. 이것을 **뒬롱-프티**(Dulong-Petit)의 **법칙**이라고 한다.

24

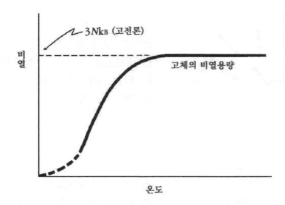

비열

3Nk_B (고전론)

고체의 비열용량

온도

〈그림 1-7〉 고체를 실온 이하로 냉각하면 고체의 비열(열용량)이 고전론
(뒬롱-프티의 법칙)으로부터 벗어나 작아진다

격자진동은 일반적으로 초전도와는 관계가 없는 것같이 생각
되나 초전도를 일으키는 데 중요한 역할을 한다는 것을 후에
알게 되었다. 이것과는 별도로 이 절에서 설명한 것 중 중요한
것은 진동운동을 포함하여 '난잡'하고 '자유'로운 운동을 하고
있는 방대한 수의 입자는 평균적으로 1입자당 절대온도 T에
비례하는 열에너지를 갖는다는 점이다. 이것이 고전 물리학에
서 얻어진 열운동에 관한 커다란 성과 중의 하나이다.

고전 물리학에의 도전

고전 물리학은 매크로한 현상을 대상으로 하는 학문으로 그
범위로 볼 때는 훌륭하게 완성된 것이다. 고전 통계역학은 마
이크로한 입자(원자, 분자)의 운동을 대상으로 하고 있으나, 입
자는 단지 매우 작을 뿐이며 매크로한 물체와 같은 고전 역학
에 따라 운동하고 있다고 생각하고 있다. 고전 역학에 따르는

입자는 완전 **연속적**으로 에너지를 변화시킬 수 있다. 등분배법칙은 입자가 취할 수 있는 에너지가 연속적으로 분포되어 있다는 것으로부터 나온 답이다.

카이에트와 피크트가 산소의 액화에 성공하여 영구가스의 한 영역이 무너진 1877년은 볼츠만이 통계역학의 기초를 이룩한 해로 고전 역학, 열역학, 전자기학을 뼈대로 하는 고전 물리학이 완숙기를 맞이하고 있던 때였다. 고전 물리학을 고집하는 한, 절대온도에 비례하는 열운동은 온도가 하강함에 따라 그 운동이 끝나는 쪽으로 향하게 될 뿐이므로 저온의 세계에 새로운 물리는 기대할 수 없었다. 그러나 의외로 물질을 냉각하여 가자 고전론에서는 이해할 수 없는 현상이 일어나기 시작하였다.

그 대표적 예는 고체를 실온 이하로 냉각하여 가면 고체의 비열(열용량)이 뒬롱-프티의 법칙에서 벗어나 점점 작아진다는 점이다. 이것은 등분배법칙에 대한 중대한 도전이다. 나중에 알게 된 것이지만, 이것은 마이크로한 입자가 단지 매크로한 물질의 궁극 요소가 아니고, 고전 역학과는 다른 독자적인 역학—**양자역학**—에 따르기 때문이다. 뜻밖에도 저온의 세계는 이 양자 세계의 창구가 되었다.

헬륨의 액화

카이에트 등의 업적에 의해 남겨진 영구가스는 액화가 가능하게 되었다. 특히 공기의 액화는 공기에서 산소와 질소를 분리하는 유효한 방법으로 큰 공업적 가치를 지니고 있기 때문에 압축과 팽창뿐만 아니라, 작은 구멍을 통해 가스를 흘릴 때 냉각이 생기는 줄-톰슨(톰슨은 나중의 켈빈 경) 효과 등의 기술이

26

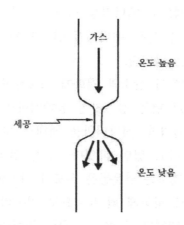

〈그림 1-8〉 세공을 통해 가스를 흘릴 때 냉각이 되는 줄-톰슨 효과

도입되어 대량의 공기 액화도 가능하게 되었다. 액체공기의 끓는점은 78.8K이다.

　1898년, 영국의 드와르(Dewar)는 쉽게 액화할 수 있게 된 액체공기로 수소 가스를 냉각, 줄-톰슨 효과를 이용하여 처음으로 수소의 액화에 성공하였다. 액체수소의 끓는점은 20K이다. 히말라야와 같은 높은 산의 등산에 비유한다면 보다 높은 곳에 새로운 기지가 설치된 셈이다. 이 기지에서 출발하여 남은 최후의 영구가스—헬륨—의 액화를 목표로 치열한 선두 다툼이 전개되었다.

　이 중에서 보기 드문 계획성을 갖고 한 걸음 한 걸음 정상에 다가간 것은 네덜란드 라이덴대학의 카머린 오네스(Karmerlingh Onnes)이다. 오네스는 먼저 대량의 액체공기를 생성할 수 있는 공기 액화기의 제작부터 시작하였다. 다음에는 수소 액화기의 제작에 착수하여 1906년에는 '드와르의 장치가 장난감처럼 보이

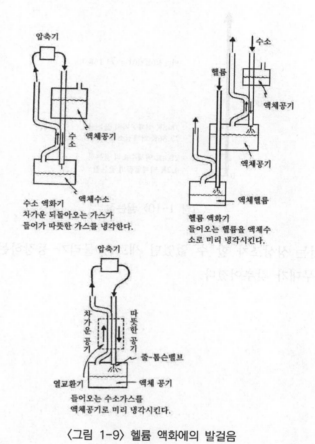

압축기

수소

헬륨

액체공기

수소
액체공기

액체공기

수소 액화기
차가운 되돌아오는 가스가
들어가 따뜻한 가스를 냉각한다.

액체수소

액체헬륨

헬륨 액화기
들어오는 헬륨을 액체수
소로 미리 냉각시킨다.

압축기

차가운 공기

따뜻한 공기

줄-톰슨밸브

열교환기

액체 공기

들어오는 수소가스를
액체공기로 미리 냉각시킨다.

〈그림 1-9〉 헬륨 액화에의 발걸음

는' 대용량의 수소 액화기를 만들어 냈다.

이것을 토대로 하여 최후의 정상에 대한 도전이 시작된 것은
1908년 7월 9일이다. 그리고 다음 날 10일, 드디어 정상에 올
랐다. 최후의 영구가스, 헬륨이 유리 보온병 속에서 액체가 되
어 조용히 끓고 있는 것을 볼 수 있었다. 이리하여 고전 물리

28

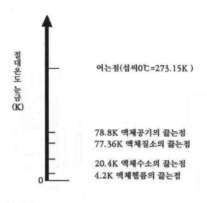

어는점(섭씨0℃=273.15K)

78.8K 액체공기의 끓는점
77.36K 액체질소의 끓는점

20.4K 액체수소의 끓는점
4.2K 액체헬륨의 끓는점

절대온도 눈금 (K)

〈그림 1-10〉 끓는점

학에서는 상상조차 할 수 없었던 새로운 물리가 등장하는 극저
온의 무대가 갖추어졌다.

2. 초전도의 발견

금속전자론

오네스가 헬륨의 액화에 성공한 시기는 각종 실험을 통해 마이크로의 세계가 조금씩 모습을 드러내기 시작한 때이다. 원자는 그 이상 분할할 수 없는 물질의 궁극 단위가 아니라, 원자 자체가 구조를 가지며, 음전하를 가진 매우 가벼운 입자인 '전자'와 전자를 끌어당기는 양의 전하를 가진 무엇이 있다는 것은 이미 추측되고 있었다. 그 무엇이 '원자핵'이며, 전자는 원자핵의 주위를 위성처럼 돌고 있다고 하는 원자모델이 나가오카 한타로(長岡半太郎) 등에 의해 제안된 것은 바로 헬륨이 액화될 즈음이었다.

그보다 조금 전인 1900년에 독일의 드루데(Drude)는 금속이 전기를 잘 통하는 것은 이상기체 원자와 같이 자유롭게 이동할 수 있는 **자유전자**가 있기 때문이라고 하는, 오늘날의 금속전자론의 기초가 되는 모델을 제안하였다.

잘 알려져 있는 것과 같이 금속 도선에 전지를 연결한 후 전압 V를 가하면 옴(Ohm)의 법칙 $I = GV$에 따라 V에 비례하는 전류 I가 흐른다. G는 **전기전도도**로 이 역수 R=1/G가 **전기저항**이다.

금속은 열도 잘 통과시킨다. 지금 금속선의 한끝에 매초 열 Q를 가할 때 단위 길이당 생기는 온도차를 ΔT라고 하면 $Q = K \Delta T$의 관계가 있다. K를 **열전도도**라고 한다. 금속이 열을 잘 전달하는 것은 자유전자가 열도 운반하기 때문이라고 생각하면 열전도도 K와 전기전도도 G의 비는 절대온도 T에 비례하며, K

초전도의 발견자 카머린 오네스(사진: 노벨재단)

$/GT$는 금속의 종류에 좌우되지 않고 일정값을 취한다는 것을 드루데가 제시하였다. 이것은 비데만-프란츠(Wiedemann-Franz) 의 법칙으로 알려져 있는 실험 사실이다.

오네스의 동료이기도 하였던 네덜란드의 노벨상 물리학자 로렌츠(Lorentz)는 그의 저서 『전자론』 중에서 드루데가 얻은 성과는 드루데 이론이 '금속의 전기적, 열적 성질을 이해하는 좋은 출발점이라는 것을 보증한다'고 기술하고 있으나, 1919년에 출판된 2판에서는 각주를 붙여 '다만, 아주 작은 출발점에 지나지 않는다. 특히 오네스가 최근에 발견한 저온에서의 전기전도도의 변화를 설명하기 위해서는 더더욱 이론을 발전시켜야만 된다'라고 설명하고 있다. 이 발전이라는 것이 초전도의 발견이었다.

전기저항의 메커니즘

헬륨의 액화에 성공한 오네스는 곧 극저온(액체헬륨이 끓는점
은 4.2K이다)에서 각종 물질의 성질을 조사하는 연구를 시작하
였다. 그 하나가 금속의 전기저항의 온도 변화이다.

물체를 평판 위에서 이동시키면 평판과의 마찰력이 움직임에
제동을 건다. 관 속을 흐르는 물과 같은 유체도 관의 내벽과 유
체 사이의 마찰력이 유체 전체에 전달되어 흐름에 제동이 걸린
다. 단지 유체 분자 사이의 분자 간 힘은 고체만큼 강하지 않기
때문에 마찰력은 균일하게 전달되지 않고, 벽에서 멀어짐에 따
라 저항력이 약해진다. 이와 같은 성질을 가진 유체의 흐름 저
항을 **점성력**이라고 한다. 만일 이상기체와 같이 분자 간 힘이
없다면 마찰력은 속까지 전달되지 않고 점성력도 없게 된다. 드
루데가 가정한 자유전자는 곧 금속이라는 상자에 갇힌 이상(理
想) 전자기체이며 전류는 원자의 수만큼 있는 전자기체의 흐름
이다. 이 흐름을 막는 전기저항은 어떻게 생기는 것일까?

본래 전류가 흐르는 것은 전하 e를 갖는 전자가 전기장 E에
의해 전기장 방향으로 힘 eE를 받기 때문이다. 전기장 E는
단위 길이당의 전압과 같다. 힘을 받으면 자유전자는 뉴턴의
법칙에 따라 힘에 비례하는 가속을 받으므로 속도는 점점 빨라
진다. 전류는 전기장 방향의 전자속도에 비례하므로 이 가속을
막는 메커니즘이 없는 한 전류는 커질 뿐이다.

전혀 마찰력이 없는 평판 위를 미끄러져 가는 물체도 만일
장애물이 있으면 튕겨지거나 방향이 바뀌거나 한다. 예를 들어
수직으로 서있는 판을 낙하하는 구슬은 판으로부터 거의 마찰
을 받지 않고 중력에 의해 가속되면서 낙하한다. 그러나 판에

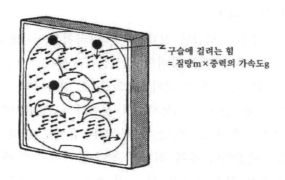

구슬에 걸리는 힘
= 질량m×중력의 가속도g

〈그림 2-1〉 중력을 받아 낙하하는 구슬은 핀과의 충돌을 되풀이하면서
천천히 낙하한다

는 난잡하게 핀이 박혀있기 때문에 구슬은 핀과 충돌을 되풀이
하면서 지그재그한 길을 따라 천천히 낙하한다. 이와 같이 구
슬은 판과의 마찰이 없어도 많은 핀과의 충돌에 의해 낙하운동
에 제동이 걸리게 된다.

　드루데가 생각한 전기저항의 메커니즘은 구슬에 걸리는 제동
과 비슷하다. 금속 속에 수많은 작은 장애물이 판의 핀과 같이
난잡하게 분포하고 있다고 하자. 전자에 전기장을 가하면 일제
히 전기장 방향으로 가속된다. 전자는 매초 받은 가속도의 비
율로 속도가 빨라지지만 장애물에 충돌하면 전기장과는 다른
방향으로 튕겨지게 된다. 이 때문에 전자는 순간적으로 자신이
전기장 방향으로 가속되고 있다는 것을 잊어버린다. 그러나 곧
다시 전기장을 감지하여 다음의 장애물에 충돌할 때까지 전기
장 방향으로 가속된다. 충돌 후 다시 충돌하기까지의 시간은
제멋대로이나 충돌 사이의 평균시간은 무수한 횟수로 충돌하는
사이의 시간의 평균값으로 주어진다. 이 충돌 사이의 평균시간

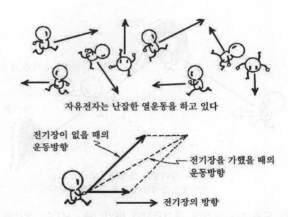

자유전자는 난잡한 열운동을 하고 있다

전기장이 없을 때의
운동방향

전기장을 가했을 때의
운동방향

전기장의 방향

〈그림 2-2〉 자유전자에 전기장을 가했을 때의 운동 방향

τ(타우)를 **완화시간**이라고 한다.

전기장이 없을 때의 자유전자는 사방팔방으로 난잡한 열운동을 하고 있으며, 일정 방향으로 전자가 흐르지는 않는다. 전기장이 가해지면 모든 전자는 일제히 전기장 E에 비례하는 힘을 받아 전기장 방향으로 가속되기 시작한다. 이 결과 전기장 방향의 속도가 다른 방향보다 커져서 전류가 흐르기 시작한다. 전자는 힘에 비례하는 일정 비율로 속도가 증가하나, 앞에서 설명했듯이 장애물과 충돌하면 가속되고 있던 것을 잊어버리고 또 1부터 다시 시작하기 때문에 완화시간 τ 사이밖에 가속되지 않는다. 따라서 전기장 방향에 갖는 여분의 속도 v_E는 가속도 $\times \tau$에 비례하는 값으로 주어진다. 가속도는 전자가 받는 힘 eE에 비례하므로 ve_E는 $eE\tau$에 비례한다. 전류 I는 전류에 수직인 도체 단면을 매초 통과하는 전하로 주어진다. 어떤 단면에서 바로 전기장 방향속도 v_E만큼 앞쪽 거리 안에 있는 전

34

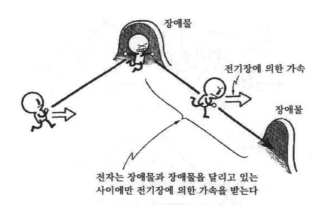

〈그림 2-3〉 드루데가 생각한 전기저항의 메커니즘. 전자는 장애물과 장애물 사이를 달리고 있는 사이에만 전기장에 의한 가속을 받는다. 이것에 의해 일정 전기저항이 생겨 전압에 비례하는 전류가 흐른다

자가 다음의 1초에 단면을 통과하기 때문에 전류는 전자전하 e 와 v_E×단면적의 체적 내의 전자수와의 곱으로 주어져 $ev_E \propto e^2 E\tau$에 비례하게 된다. 전압 V는 전기장 E에 비례하므로 I =V/R로 정의되는 전기저항은 $1/\tau$에 비례하며, 완화시간 τ가 짧을 수록 크다는 것을 알 수 있다.

이와 같이 드루데는 전자가 장애물과의 충돌에 의해 난잡하게 방향을 바꾸고, 충돌 사이의 평균시간 사이밖에 전기장에 의해 가속되지 않기 때문에 일정한 전기저항이 생겨 전압에 비례하는 전류가 흐른다는 것을 지적하였다.

저항은 온도에 따라 변화한다

당시, 예를 들면 구리에 아연과 같은 불순물을 약간 첨가하면 일정 온도에서의 전기저항이 불순물의 농도에 비례하여 증가한다는 것을 알고 있었다. 이것은 장애물이 많아진다는 것으로서 드루데 이론으로부터 설명할 수 있다. 또 하나 알고 있었던 것은 저항이 온도가 내려감에 따라 작아진다는 것이다. 이 저항의 온도 변화를 설명하기 위해 드루데는 다음과 같이 생각하였다.

자유전자는 이상기체의 분자와 같이 난잡한 열운동을 하고 있다. 이 열운동의 평균속도를 u라고 하면 에너지 등분배법칙으로부터 1개의 전자는 평균 $(\ell/2)mu^2=(3/2)k_BT$의 운동에너지를 갖게 된다. 여기서 m은 전자의 질량이다. 이것으로부터 평균속도 u를 구하면 $1K$라는 극저온에서도 매초 10^4m의 빠른 속도로 돌아다니는 것이 된다.

한편 전류가 흐르고 있을 때는 전자는 충돌 사이에 전기장에 의해 가속되고 있다. 이것에 의해 얻는 전기장 방향의 속도 v_E는 전압과 완화시간에 좌우되나, 지금 반경 1㎜의 도선을 1A(암페어)가 흐르고 있는 경우의 속도 v_E를 구한다고 하면 겨우 매초 10^{-4}m라는 작은 것으로 되어 $1K$에서의 열운동 속도의 1억 분의 1에 지나지 않는다는 것을 알 수 있다.

전류는 시료의 단면을 매초 가로지르는 전하의 수로 주어지기 때문에, 전류를 일정하게 유지하여 단면을 작게 하면 전류를 운반하는 전자속도 v_E는 커진다. 그러나 같은 1A로 v_E를 1억 배로 하는 데는 도선의 지름을 10^{-7}m까지 가늘게 하지 않으면 안 된다. 이와 같이 육안으로는 보이지 않을 정도로 가는 도선에 1A나 되는 전류를 흘리면 금방 타서 끊어져 버린다. 반경 1㎜의 도선에서도 수십 A를 흘리면 전열기와 같이 적열(赤熱)하기 때문에 v_E를 1억 배로 하기 위해 10^8A나 흘리면 깜짝

36

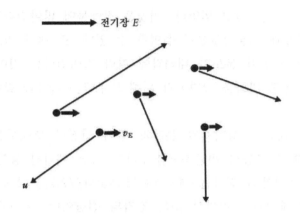

<그림 2-4> 난잡한 열운동의 평균속도 u는 전기장의 가속에 의해 얻어지는 속도 v_E보다 훨씬 크다

할 사이에 녹아버린다.

이 예에서 알 수 있듯이 현실적인 두께의 도선을 현실적 크기의 전류가 흐르고 있는 상태에서는, 극저온에서도 열운동의 평균속도 u는 전자가 전기장의 가속에 의해 얻는 속도 v_E보다는 훨씬 크다. 즉 전류가 흐르고 있는 상태에서도 자유전자는 대부분 난잡한 열운동을 하고 있으며 극히 느린 속도로 전체가 전기장 방향으로 흐른다.

이것으로부터 드루데는 전자가 충돌과 충돌 사이에 달리는 평균거리는 열운동의 평균속도 u로 정해지고 $l = u\tau$로 주어지며, l은 장애물의 성질로 정해지는 일정값을 취한다고 생각했다. l을 **평균자유행로**라고 한다. 전기저항은 R는 $1/\tau$, 따라서 u/l에 비례하므로 l이 물질 고유의 일정값을 갖고 있다고 하면 저항 $R \propto u \propto \sqrt{T}$에 따라 온도 변화한다는 것이 예상된다.

설명은 생략하나 드루데는, 자유전자는 같은 메커니즘으로

장애물과 난잡하게 충돌하면서 열을 운반한다고 하면 열전도도
K와 전기전도도 $G = \ell/R$의 비 K/G가 온도 T에 비례하여 변
화되며, 비례계수는 금속의 종류에 좌우되지 않는 상수라는 것
을 제시하였다. 이것은 상수의 값을 포함하여 실험적으로 유도
된 비데만-프란츠의 법칙을 잘 설명한다. 이 결과는 드루데 이
론이 금속전자의 참모습의 일단을 밝히고 있다는 것을 가리키
고 있다 할 수 있다.

자유전자란?

드루데의 모델은 금속에는 자유롭게 돌아다니는 전자가 존재
한다는 가정 위에 서있으며 전기가 통하지 않는 **절연체**와 달리
어떻게 금속의 전자가 자유롭게 움직일 수 있는가에 대해서는
아무것도 언급하지 않았다. 당시에는 이 의문에 대답할 수가
없었다.

드루데 이론이 나타날 즈음 원자번호 Z의 원자는 음의 전하
e를 갖는 전자가 Z개 있으며 이 전자가 양의 전하 Ze를 갖는
무거운 원자핵에 대해 양과 음으로 대전한 물체 간에 작용하는
것과 같은 쿨롱(Coulomb) 인력으로 끌어당겨지고 있어, 마치
인공위성이 지구로부터 중력을 받으면서 지구를 돌고 있는 것
과 같이 원자핵을 중심으로 한 궤도를 돌고 있다는 원자모델이
제안되었다.

다만, 매크로한 물체인 인공위성과는 달리 마이크로한 전자
의 운동은 고전 역학과 전혀 다른 법칙에 따른다는 것이 알려
져 있지 않았기 때문에 혼돈된 상태였다. 금속전자가 어떻게
자유롭게 돌아다니는가가 밝혀진 것은 마이크로한 세계를 지배

38

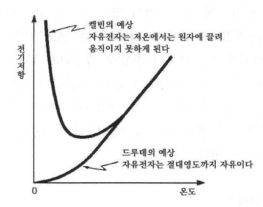

전기저항

켈빈의 예상
자유전자는 저온에서는 원자에 끌려
움직이지 못하게 된다

드루데의 예상
자유전자는 절대영도까지 자유이다

0

온도

〈그림 2-5〉온도 저하에 따른 전기저항의 변화에 관한 켈빈 경의
예상과 드루데의 예상

하는 양자역학이 발달하고 원자구조와 원자끼리를 결합시키는
메커니즘이 밝혀진 훨씬 후의 일이다.

양자역학은 초전도를 이해하는 데 매우 중요하기 때문에 후
에 자세히 설명하기로 하고 또, 자유전자가 나타나는 메커니즘
에 대해서도 언급하겠다. 여기에서는 드루데 이론이 발표될 당
시에 추측되고 있었던 일에 대해 설명하겠다.

금속은 절연체와 같이 방대한 수의 원자들이 결합하여 된 것
이다. 따라서 금속 중의 자유전자도 본래는 원자에 속해 있던
전자가 원자에서 떨어져 나와 돌아다니게 된 것이라고 생각할
수 있다. 문제는 왜 전자가 금속원자로부터 떨어져 나오기 쉬
운가와 전자를 원자로부터 떼어놓는 힘은 무엇인가이다. 원자
내의 전자의 상태를 알 수 없는 한, 전자가 왜 금속원자로부터
떨어져 나오기 쉬운가는 알지 못한다. 그러나 떼어놓는 힘은
전자에 난잡한 열운동을 시키려는 열에너지라는 것을 생각할

수 있다. 이런 생각을 제안한 사람이 다름 아닌 켈빈 경이다.

켈빈은 온도가 충분히 높은 곳에서는 드루데 이론에 따라 저항은 온도가 내려감에 따라 감소하나, 열에너지가 전자를 원자로부터 떼어낼 수 없을 정도로 저온이 되면 전자는 원자에 묶여 움직일 수 없게 되므로, 반대로 저항은 온도가 내려감에 따라 증가하기 시작한다는 것을 예상하였다.

이에 대해 드루데는 전자는 온도에 의존하지 않고 절대영도까지 자유로이 행동한다고 주장하였다. 과연 어느 쪽의 주장이 옳을까? 헬륨의 액화에 의해 절대영도에 가까운 극저온을 생성하는 데 성공한 오네스는 곧 두 주장의 흑백을 가리기 위한 실험에 착수하였다.

저항은 남았다

오네스 이전에 수소의 액화에 성공한 드와르도 당시 비교적 높은 순도의 시료가 얻어지고 있던 백금의 전기저항을 액체수소온도(약 $20K$)까지 측정하였으며, 이와 같이 낮은 온도에서도 여전히 저항은 온도가 내려감에 따라 계속 감소하고 있음을 지적하였다. 그러나 저항의 감소 상태는 저온에서 둔화되기 시작하며 또한 순도가 낮은 시료일수록 둔해지는 경향이 컸다. 드와르는 이것은 순도가 낮은 시료 중의 불순물의 영향이 나타나기 시작하기 때문이라고 생각하여, 순도에 의해 저항이 거의 변하지 않는 보다 높은 온도 영역에서의 온도 변화를 저온까지 내려본 결과, 절대영도가 되기 전에 저항이 0으로 되어버리는 결과를 얻었다.

헬륨의 액화에 성공한 오네스는 곧 같은 백금으로 극저온까

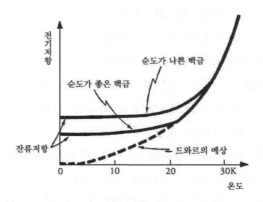

〈그림 2-6〉 백금의 전기저항의 측정값과 드와르의 예상(절대영도가 되기
전에 저항은 제로가 되어버린다)

지의 저항 측정을 하였다. 그 결과 드와르가 관측한 저항 변화
의 둔화 현상은 온도를 낮춰가면 더욱 현저해지며, 마침내는
저항이 감소하지도 않고 증가하지도 않는, 온도에 좌우되지 않
는 일정값이 된다는 것을 알았다.

절대영도에 가까워지면 저항은 제로 쪽으로 향하는지? 무한
대로 향하는지? 자연은 그 어느 쪽도 아니라는 결론을 내렸다.

저항이 갑자기 사라졌다

오네스의 결과는 드와르가 인정한 저항 감소의 둔화가 보다
저온에서 저항이 증가하기 시작하는 징조가 아니라는 것을 확
인한 것이 된다. 최후에 남는 일정한 **잔류저항**은 시료에 따라
다르며 순도가 높은 것일수록 저항이 작은 것은, 저항 감소의
둔화가 불순물 때문이라는 드와르의 생각을 뒷받침해 주는 것
같이 보인다. 물론 불순물과의 충돌에 의한 평균자유행로는 드

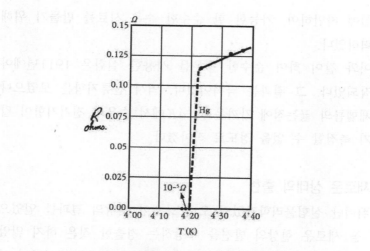

〈그림 2-7〉 카머린 오네스의 측정 결과의 원그림

루데에 의하면 일정할 것이기 때문에 $u/\ell \propto \sqrt{T}/\ell$ 에 비례하는 저항은 불순물이 있어도 온도가 내려감에 따라 작아질 것이다. 따라서 드루데 이론에서는 잔류저항은 설명할 수 없다. 어떻든 불순물에 방해받지 않는 금속의 고유저항의 메커니즘을 탐구하고 자유전자의 정체를 밝히기 위해서는 가능한 한 불순물을 제거할 필요가 있다. 따라서 오네스는, 오네스의 말을 빌리면 '세계의 어느 곳의 조폐 공사에 있는 금보다 순도가 높은 금'을 입수하여 실험을 하였으나 결과는 같아서 잔류저항이 남았다.

금속, 반도체 등을 고순도로 정제하는 기술이 눈부신 발전을 한 것은 전후(戰後)의 일로, 금세기 초 무렵은 매우 미숙했다. 그러나 오네스는 실온에서 액상인 수은이라면 증발시켜서 다시 응축시키는 증류법을 되풀이함으로써 순수하게 할 수 있다는 사실에 착안하여, 가능한 한 순수한 수은 시료를 만들기 위해 노력하였다.

이와 같이 하여 순수한 수은을 사용한 실험은 1911년에야 시작되었다. 그 결과는 극적이었다. 역시 잔류저항은 보였으나 액체헬륨의 끓는점에 가까운 약 $4K$에서 수은의 전기저항이 갑자기 측정할 수 없을 정도로 작아졌다.

새로운 상태의 출현

뛰어난 실험물리학자였던 오네스는 이 뜻밖의 결과를 얻었으나 곧 새로운 현상의 발견을 주장하는 경솔한 짓은 하지 않았다. 처음에는 오히려 드와르가, 백금의 고유저항을 제거하려 하면 절대영도 바로 앞에서 제로가 된다고 예측했던 사실이 갑자기 나타난 것으로 생각하였다.

여하튼 이상한 현상이므로 오네스는 신중하게 실험을 되풀이하였다. 그 결과 측정을 신중히 하면 할수록 최초의 실험에 비해 저항이 없어지는 상태가 불연속이라고 말할 수 있을 정도로 급해진다는 것, 다소 순도가 나쁜 수은에서도 순수한 시료와 거의 같은 온도에서 저항이 갑자기 사라진다는 것을 확인하였다.

더 이상 의심할 여지가 없었다. 오네스의 말을 빌리면 "수은은 그 이상한 전기적 성질 때문에 초전도 상태라고 부를 수 있는 새로운 상태로 옮겨졌다."라고 그는 자신 있게 선언하였다.

3. 혼미의 시대

저항은 정말로 제로인가?

수은에 연이어 오네스는 납과 주석도 초전도를 나타낸다는 것을 발견하였다. 초전도 상태에 대해 일반적으로 저항을 갖는 상태를 **상전도(常傳導) 상태**라고 부르며 상전도 상태로부터 초전도 상태로 옮겨지는 온도를 **임계온도**라고 한다. 수은의 임계온도가 $15K$인 것에 비해 납은 $7.2K$, 주석은 $3.7K$이다.

그런데 보통 전기저항을 알기 위해서는 도체에 전류 I를 흘려 도체 양끝 사이의 전압 V를 측정하여 옴(ohm)의 법칙 V=RI로부터 저항 R를 구하는 방법이 사용되고 있다. 이 방법에서는 일정 전류에 대해 저항이 작으면 발생하는 전압이 작아지기 때문에 측정되는 저항의 최솟값은 전압계의 감도로 한정된다. 일상의 과학연구에서 가장 중요한 것은 정밀한 정량적 측정에 있다는 것을 주장하고 있던 오네스는, 수은의 저항이 갑자기 작아지는 것을 나타내는 측정 결과의 그래프에 $10^{-5}\Omega$(옴)이라 적어놓고 사용한 전압계의 감도에 의한 측정 한계를 명시하고 있다. 전압은 전류에 비례함으로 흐르는 전류를 늘리면 보다 작은 저항도 측정할 수 있다. 오네스는 물론 이것도 시도하였으나 어떤 값 이상의 전류를 흘리면 초전도가 파괴되어 갑자기 저항이 나타난다는 것을 발견하였다. 이 초전도가 파괴되는 전류값을 임계전류라고 한다.

더 작은 저항을 측정할 수 있는 방법은 없을까? 오네스가 생각해 낸 것은 초전도선을 나선상으로 감아 양끝을 연결한 코일

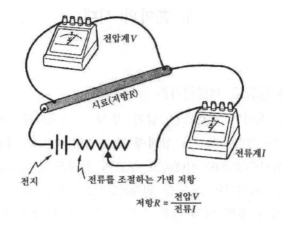

〈그림 3-1〉 전기저항의 측정 방법

에 흘린 전류가 감소하는 시간을 측정하는 방법이다. 이 전류
가 감쇠하는 시간은 코일의 전기저항 R에 반비례한다. 즉 저항
이 작을수록 좀처럼 감쇠하지 않는다. 만일 저항이 정말로 제
로라면 최초에 흘린 전류는 아무리 시간이 지나도 감쇠하지 않
고 계속 흐를 것이다. 그러면 도선의 양끝을 연결한 코일에 어
떻게 전류를 흘릴 수 있을까? 나중에도 필요하므로 여기서 전
자기학의 ABC를 복습하겠다.

전류와 자기장

철을 끌어당기는 막대자석에는 N극과 S극이 있으며 자기장
속에 놓으면 N극이 자기장의 방향으로 향하는 것은 주지의 사
실이라고 생각한다. 나침반의 자침도 작은 자석으로서 N극이
북극을 가리키는 것은 남극에서 북극으로 향하는 지구 자기장
이 있기 때문이다.

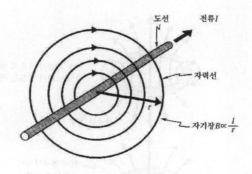

도선   전류 *I*

자력선

r

자기장 $B \propto \dfrac{1}{r}$

〈그림 3-2〉 앙페르의 법칙

　1819년에 덴마크의 외르스테드(Öersted)는 우연히 도선에 큰 전류를 흘렸을 때 가까이에 있던 나침반의 자침이 흔들리는 것을 발견했다. 그것은 전류의 주위에 자기장이 생기고 있다는 것을 나타내고 있다. 이 현상을 자세히 연구한 사람이 프랑스의 앙페르(Ampere)이다. 앙페르는 자기장은 전류가 흐르고 있는 방향과 수직인 내면에 도선을 중심으로 와상(나선상)으로 발생하고 있으며, 자기장의 강도는 전류에 비례하며 도선으로부터의 거리에 반비례하여 멀수록 약해진다는 것을 지적하였다. 또 자기장은 어느 방향으로 향하고 있으나, 전류가 흐르고 있는 방향이 나사가 진행하는 방향이라면, 오른나사를 오른쪽으로 돌리면 나사가 진행하는 것과 같이 자기장은 오른쪽 주위의 방향을 갖는다는 것을 지적하였다.
　이 앙페르의 법칙에 따라 도선을 원모양으로 연결한 링을 빙빙 환류하고 있는 전류가 만드는 자기장을 생각하자. 링 도선 바로 옆에서는 곧은 도선과 마찬가지로 도선을 둘러싸는 것과 같은 와상의 자기장이 생기나, 링의 중심에 가까워질수록 링

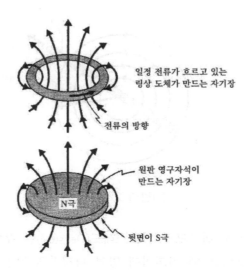

일정 전류가 흐르고 있는
링상 도체가 만드는 자기장

전류의 방향

원판 영구자석이
만드는 자기장

N극

뒷면이 S극

〈그림 3-3〉 링상 도체에 흐르는 전류가 만드는 자기장과 원판
자석이 만드는 자기장의 패턴은 같다

도선의 각부에 흐르고 있는 전류에 의한 자기장을 합친 자장이
생긴다. 그 결과 링 위표면으로부터 분수와 같이 뿜어 나와 링
의 바깥 측을 돌아 밑표면으로 흡인되는 것과 같은 패턴을 가
진 자기장이 생긴다.
　이 패턴은 위표면이 N극이고, 밑표면이 S극인 원판자석이
만드는 자기장의 패턴과 같다. 원판자석을 균일한 자기장 속에
놓으면 N극이 자기장 쪽을 향해 원판자석의 표면을 자기장과
수직으로 하는 힘이 작용한다.
　이 자석에 가해지는 회전력은 자극의 강도와 자석의 형상에
의해 정해지는 **자기 모멘트**와 자기장의 곱으로써 주어진다.

회전력=자기 모멘트×자기장의 강도

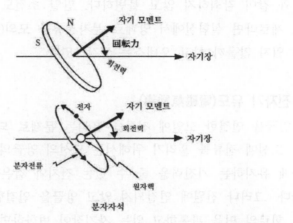

〈그림 3-4〉 자기장 중의 원판자석에 작용하는 회전력

막대자석을 반쪽으로 분할하면 두 개의 막대자석이 된다. 다시 한번 분할하면 네 개의 막대자석이 된다. 이 분할을 무제한으로 되풀이해 가면 그 이상 분할할 수 없는 **분자자석**이 된다. 철이 강한 자기를 띠는 것은 철분자가 마이크로한 자석처럼 행동하기 때문이라는 생각은 예로부터 있었으나, 이 분자자석의 정체에 대해서는 잘 알지 못했다. 분자 내에 마이크로한 분자전류가 빙글빙글 환류하고 있기 때문에 분자가 자기 모멘트를 가지며 작은 자석처럼 행동한다고 생각한 사람은 다름 아닌 앙페르였다. 이 앙페르의 생각은 후에 원자핵 주위에 전자가 위성처럼 돌고 있는 원자모델이 제안되어, 원자 내 전자의 상태가 양자론에 의해 명확해지고부터 기본적으로 옳다는 것이 밝혀졌다.

원자와 분자 내의 전자의 운동은 태양 주위를 돌고 있는 지구와 같이 감쇠하지 않고 불변하다. 만일 초전도 저항이 정말로 제로라면 실험실에서 앙페르 분자전류를 모의(Simulation)할 수 있지 않을까 하고 오네스는 생각하였다.

전자기 유도(電磁氣誘導)

양끝을 연결한 코일에 전류를 흘리는 문제로 되돌아가자. 보통 도선에 전류를 흘리기 위해서는 도선의 양끝의 전압을 일정하게 유지하는 기전력을 줄 수 있는 전지와 같은 전원에 연결한다. 그러나 전원에 연결되지 않고 양끝을 연결한 폐회로에서도 회로의 면을 관통하고 있는 자기장이 변화하면 회로에 기전력이 생긴다는 것을 발견한 사람이 패러데이(Faraday)이다. 이 **전자기 유도** 현상의 발견에 의해 발전기와 전동모터가 생겨나 우리의 일상생활도 아주 달라지게 되었다.

이야기를 단순화하기 위해 원형 링 모양의 회로를 생각하자. 이 링을 관통하고 있는 자기장과 링의 면적의 곱을 **자속**이라고 한다.

자속=자기장×링의 면적

각종 실험으로부터 패러데이는 링에 유도되는 기전력은 **자속 변화의 비율**과 같고, 유도기전력에 의해 흘러나오는 유도전류는 항상 **자속의 변화를 없애는 방향의 자기장을 만든**다는 것을 지적하였다. 이것을 패러데이의 **전자기 유도법칙**이라고 한다.

지금 막대자석의 N극을 링면에 접근시킴으로써 자속을 변화시켰을 때 이 법칙에 의하면 유도전류에 의해 생기는 자기장은 막대자석의 자기장과 반대 방향을 향한다. 링의 전류는 앞에서 설명한 것과 같이 원판자석과 같은 값의 자기장을 만들기 때문

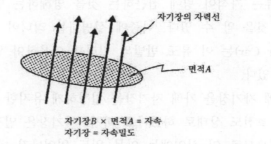

자기장 B × 면적 A = 자속
자기장 = 자속밀도

〈그림 3-5〉 원형 링상 회로에서 링을 관통하고 있는 자기장B와
링의 면적A의 곱을 자속이라고 한다

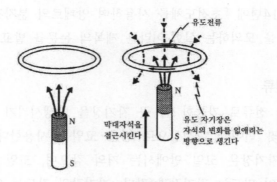

〈그림 3-6〉 전자기 유도

에 유도전류에 의해 생기는 원판자석의 N극은 접근하는 막대
자석의 N극과 마주 보게 된다. 반대로 막대자석의 S극을 접근
시키면 유도전류는 반대 방향으로 흘러 마주 보는 면에 S극을
만든다.

　잘 알려져 있는 것과 같이 두 개 자석의 N극과 S극을 접근
시키면 극 사이에 인력이 작용하나, 같은 극끼리(N과 N, S와 S)
접근시키면 서로 반발하는 척력이 작용한다. 이것으로부터 유

도전류는 자석이 링에 접근하는 것을 방해하는 방향으로 흐른
다는 것을 알 수 있다. 나중에 설명하는 리니어 모터카(Linear
Motor Car)는 이 유도 반발의 원리를 이용하여 열차를 부상시
키고 있다.

링에 자기장을 가해 자기장을 일정하게 유지한 채 링을 냉각
시켜 초전도 상태로 하였다고 하자. 자기장은 일정하게 유지되
어 있으므로 이 사이에는 아무 일도 일어나지 않으나, 초전도
상태로 된 후 자기장을 끊으면 전자기 유도의 법칙에 따라 전
류가 흐르기 시작한다. 이와 같은 방법으로 오네스는 실험을
하여 1914년에 「초전도체를 사용하여 앙페르의 분자전류 또는
영구자석을 모의하는 실험」이라는 제목의 논문을 발표하였다.

영구전류

일정한 전류로 가능한 한 큰 자기장을 발생시키기 위해서는
도선을 몇 번이나 나선상으로 감은 코일을 사용한다. 코일이
만드는 자기장은 코일 안에서는 거의 같으며, 코일 밖에서는
막대자석이 만드는 자기장과 같다. 자기장의 강도는 일정 전류
에서는 단위 길이당 코일을 감은 횟수가 많을수록 크다. 앞에
서 설명한 것과 같이 오네스는 전류가 어떤 값을 넘으면 초전
도가 파괴된다는 것을 발견하고 있었기 때문에, 이 임계전류
이하의 전류로 가능한 한 큰 자기장을 만들기 위해 지름이 약
0.1mm인 아주 가느다란 납선을 지름이 8mm이고 길이가 1.1cm인
놋쇠관에 800회를 감은 코일을 만들고 납선의 양끝을 녹여 붙
여서 연결시켰다.

오네스는 지구 자기장의 영향을 피하기 위해 코일축이 동서

방향으로 향하도록 액체헬륨용기(cryostat이라고 한다) 속에 놓았
다. 실험에서는 먼저 크라이오스탯에 액체헬륨을 넣기 전에 자
기장을 코일축과 평행하게 가하고, 다음에 자기장을 일정하게
유지한 채 액체헬륨을 주입하여 납선(임계온도가 약 $7K$)을 초전
도 상태로 냉각하였다. 헬륨을 주입하기 전의 상온에서는 납선
은 상전도 상태에 있기 때문에 자기장을 가했을 때에 흐르는
유도전류는 순간적으로(오네스가 사용한 코일에서는 10^{-5}초) 감쇠
하여 제로가 되었다. 다음에 납선을 초전도 상태로 한 후에 자
기장을 끊자 다시 자기장의 변화로 전류가 유도되었다.

이 유도전류에 의해 코일이 만드는 자기장을 검출하는 데 오
네스는 크라이오스탯의 바로 바깥에 동서로 향한 코일축의 연
장선 위에 나침반을 놓았다. 코일전류가 제로일 때는 나침반의
자침은 남북을 향하나 전류가 흐르고 있으면 코일이 만드는 자
기장에 의해 남북 방향으로부터 동서 방향으로 흔들린다. 오네
스는 자침에 대해 납선 코일과 반대쪽에 동선으로 감은 코일을
놓고 이 코일에 전류를 흘려 자침의 위치에서 납선 코일과 반
대 방향의 자기장이 생기도록 하였다. 이렇게 하면 자침의 흔
들림을 자기장이 제로일 때의 남북 방향의 위치로 되돌리는 데
에 필요한 동선 코일에 흘리는 전류로부터 납선 코일을 흐르고
있는 전류를 구할 수 있다.

오네스는 측정 결과를 좌우하는 생각할 수 있는 한의 인자를
고려하여 신중하게 실험을 진행시켰다. 오늘날에는 초전도 상
태에서는 전기저항이 제로라는 것은 상식으로 되어 있으나, 당
시는 보통 측정법으로는 **저항은 측정할 수 없을 정도로 작아지고
있다는** 것밖에 알 수 없었다. 결과는 납선 코일이 냉각된 초전

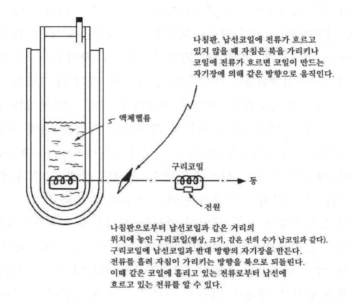

나침판. 납선코일에 전류가 흐르고
있지 않을 때 자침은 북을 가리키나
코일에 전류가 흐르면 코일이 만드는
자기장에 의해 같은 방향으로 움직인다.

액체헬륨

구리코일

동

전원

나침판으로부터 납선코일과 같은 거리의
위치에 놓인 구리코일(형상, 크기, 감은 선의 수가 납코일과 같다).
구리코일에 납선코일과 반대 방향의 자기장을 만든다.
전류를 흘려 자침이 가리키는 방향을 북으로 되돌린다.
이때 같은 코일에 흘리고 있는 전류로부터 납선에
흐르고 있는 전류를 알 수 있다.

〈그림 3-7〉 오네스의 실험

도 상태로 있는 한 유도전류의 감쇠는 전혀 발견할 수 없었다
는 것이었으나, 오네스는 완고할 정도로 신중하여 납선의 저항
은 실온에서의 저항의 1000억 분의 1 이하로 되었다고밖에 결
론을 내리지 않았다.

이 오네스가 마이크로 잔류저항이라고 부른 남아 있을지도
모르는 저항의 상한은 측정 정밀도에 의한 것이 아니고 납선
코일을 극저온으로 유지할 수 있는 시간에 의해 결정되는 것이
다. 그 후 더욱 오랜 시간 극저온으로 유지하여도 자침의 흔들
림의 변화는 발견할 수 없다는 것이 알려져 마이크로 잔류저항
의 상한은 점차 작아졌다. 이렇게 되면 납선의 저항은 실제상

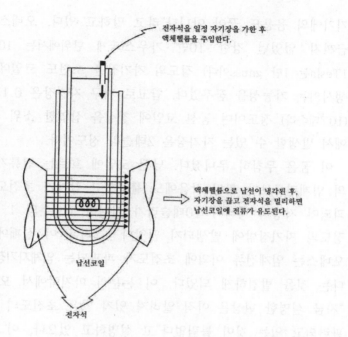

전자석을 일정 자기장을 가한 후
액체헬륨을 주입한다.

액체헬륨으로 납선이 냉각된 후,
자기장을 끊고 전자석을 멀리하면
납선코일에 전류가 유도된다.

납선코일

전자석

제로로 되어 있다고 보아도 좋다.

이와 같이 양끝을 폐쇄한 초전도 코일, 또는 구멍이 뚫린 초
전도체의 구멍의 주위를 감쇠함이 없이 계속 흐르는 전류를 오
네스는 지속전류라고 불렀다. 일본에서는 영구전류라고 부르는
쪽이 일반적이나 온도가 올라가 초전도 상태가 없어지면 곧 감
쇠해 버린다는 것은 말할 나위도 없다.

임계자기장

납이나 주석이 초전도가 된다는 것을 발견한 오네스는 "가는
선으로 가공할 수 있는 초전도체가 발견되었으므로 각종 전기

기기에의 응용도 꿈이 아니다"라고 말하고 있다. 오네스는 지금까지 없었던 강한 10만 가우스(국제 단위에서는 10Tesla, 1Tesla는 1만 gauss이다) 정도의 자기장을 초전도 코일에서 발생시키는 가능성을 꿈꾸었다. 참고로 지구 자기장은 0.1가우스(10^{-5}테슬라) 정도이며 동선 코일에 철심을 삽입한 소위 전자석에서 발생할 수 있는 자기장은 2테슬라 정도이다.

이 꿈은 무참히 무너졌다. 납선 코일에 흐르는 전류가 납선의 임계전류보다 훨씬 작음에도 불구하고 갑자기 초전도가 파괴되어 저항이 나타나 10테슬라가 아니라 100분의 1 테슬라 정도의 자기장밖에 발생되지 않았다. 그러나 이 실패에 의해 오네스는 임계전류 이외에 초전도가 파괴되는 **임계자기장**이 있다는 것을 발견하게 되었다. 이 논문의 마지막에서 오네스는 "지금 설명한 현상은 아직 알려져 있지 않은 초전도의 법칙과 관련되고 있는 것이 틀림없다"고 설명하고 있으나, 이 법칙이 나타난 마이스너(Meissner) 효과가 발견된 것은 19년이나 후의 일이다.

1914년, 바야흐로 1차 세계대전의 암운이 유럽을 뒤덮고 있던 때이다. 임계자기장의 연구는 전후 얼마쯤 지나서 오네스와 그 제자들에 의해 계속되어 임계온도 T_c보다 충분히 낮은 온도로부터 온도를 올려가면 처음에는 별로 변화하지 않으나, 임계온도에 가까워지면 급속히 감소하여 임계온도에서 제로로 되는 온도에 대한 변화를 임계자기장이 나타낸다는 것이 밝혀졌다. 이 온도에 대한 변화의 양상은 초전도체의 종류에 상관없이 서로 비슷하다. 또 절대영도에서의 임계자기장의 값 $B_c(0)$는 가우스의 단위로 대개 임계온도 T_c 때의 값의 100배 정도라는

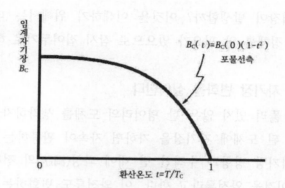

〈그림 3-8〉 임계자기장의 온도 변화는 초전도체의 종류에 따르지
않고 포물선 측으로 잘 나타낼 수 있다

것도 밝혀졌다. 예를 들면 납(T_c=7.2K)에서는 B_c(0)≈800가우
스(0.08테슬라)로 결코 크다고는 말할 수 없다.

실은 오네스가 전에 발견한 임계전류와 임계자기장은 전혀
다른 것은 아니다. 전류를 흘리면 초전도 도선의 주위에 자기장
이 생기나, 도선의 표면에서의 자기장이 바로 임계자기장과 같
아질 때의 전류가 임계전류라는 것을 미국의 실스비(Silsbee)가
지적하였다. 이것을 **실스비의 법칙**이라고 한다. 그러나 연구가
진행됨에 따라 이 법칙이 만능이 아니고 전류는 독자적인 메커
니즘에 의해서도 초전도를 깨뜨린다는 것이 후에 밝혀졌다.

오네스가 품고 있던 강자기장 발생의 꿈은 오네스가 사망하
고 40년 가까이 지난 후에야 겨우 달성되어, 수 테슬라에서 십
수 테슬라의 강자기장을 발생하는 초전도 코일이 만들어져 응
용 면에서 활약하고 있다. 이와 같은 고자기장 초전도 재료의
임계전류는 독자적인 메커니즘으로 결정되고 있다.

자기장에 약한 초전도체를 사용하여 어떻게 해서 이와 같은

56

강한 자기장이 발생할까? 이것을 이해하기 위해서는 더 깊이
초전도의 정체를 알 필요가 있으므로 잠시 접어두기로 하자.

도체는 자기장 변화를 싫어한다

구멍이 뚫려 있지 않은 한 덩어리의 도체를 생각하자. 이 한
덩어리로 된 도체에 자기장을 가하면 자속이 관통하는 구멍은
없으나 자기장 방향과 수직인 면 내에 와상(渦狀)의 전류가 유
도된다. 이것을 와전류라고 한다. 이 와전류도 변화하는 자기장
과 반대 방향의 자기장을 만들도록 흐른다. 즉 와전류는 도체
내에 자기장이 침입하는 것을 방해한다.

가해진 자기장이 일정값에 달해 변화하지 않게 되면 기전력
은 제로가 된다. 링을 판류하는 전류와 마찬가지로 이 경우에
도 저항 R에 반비례하는 고유시간에서 와전류는 감쇠해 버리므
로 상전도체에서는 장애물인 와전류가 감쇠해 버린 후의 변화
하지 않는 **정자기장**(靜磁氣場)은 아무 일도 없었던 것처럼 도체
를 관통한다. 이런 의미에서 상전도체는 정자기장에 대해 투명
하다고 말할 수 있다.

초전도체의 경우는 이와 같이 되지 않는다. 저항이 제로라면
일단 흐르기 시작한 와전류는 아무리 시간이 경과하여도 감쇠
하지 않기 때문이다. 따라서 자기장의 변화가 끝난 후에도 침
입이 방해를 받는다. 어느 정도로 방해를 받을까? 저항 R가 있
는 경우, 전류 I가 흐르면 옴의 법칙에 따라 전압(기전력) V=
저항 R×전류 I가 생긴다. 따라서 저항 R가 제로인 경우는
전류 I가 흘러도 전압 V는 생기지 않는다. 지금 저항이 제로
인 초전도체에 자기장을 가하면 자기장이 변화하고 있는 사이

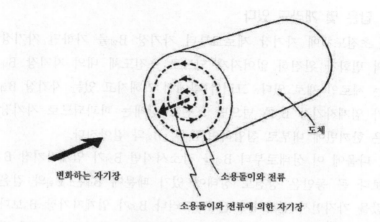

변화하는 자기장   소용돌이와 전류

소용돌이와 전류에 의한 자기장

도체

〈그림 3-9〉 한 덩어리의 도체에 자기장을 가하면 소용돌이 전류가 유도된
다. 이 소용돌이 전류는 변화하는 자기장과 반대 방향의 자기장
을 만들도록 흘러, 도체 내에 자기장이 침입하는 것을 막는다

전압(기전력)이 유도되어 전류가 흐르기 시작한다. 한편 저항이
제로라면 전압도 제로가 되어야 한다. 유도전압이 제로라는 것
은 초전도체 내에서는 자기장은 변화하고 있지 않다는 것을 의
미한다. 즉 초전도체에 자기장을 가하면 순간적으로 전류가 흐
르기 시작하여 초전도 체내에서 자장의 변화를 완전히 없애버
리는 반대 방향의 자기장을 만든다.

이와 같이 초전도체는 자기장 변화를 완전히 없애버리나, 없
애버리는 것은 자기장의 변화뿐이며 변화하지 않는 정자기장의
침입을 완전히 거절하는 것은 아니다. 이 사실이 얼마 동안 혼
란을 낳게 하였다.

답은 몇 개라도 있다

초전도체에 자기장 제로로부터 자기장 $B_외$를 가하면 자기장의 변화가 완전히 없어지게 되므로 초전도체 내의 자기장 $B_내$는 제로인 채로 있다. 그러나 밖에서 가해지고 있는 자기장 $B_외$가 임계자기장 B_c를 넘으면 초전도 상태는 파괴되므로 자기장은 한꺼번에 내부로 침입하여 $B_내$는 $B_외$와 같아진다.

다음에 이 상태로부터 $B_외$를 감소시키면 $B_외$가 임계자기장 B_c보다 큰 동안은 상전도 상태에 있기 때문에 $B_내$는 $B_외$와 같은 값을 가지면서 변화하여 간다. 그러나 $B_외$가 임계자기장 B_c보다 작아지면 다시 초전도 상태로 돌아오므로 B_c 이하의 $B_내$의 변화는 완전히 없어진다. 이 때문에 초전도체 내에는 초전도 상태로 돌아오기 직전에 있던 자기장 B_c가 남게 된다.

앞에서 설명한 것과 같이 임계자기장 B_c는 온도에 따라 변화한다. 따라서 $B_외$가 보다 높은 상전도 상태에서는 온도를 변화시킨 후 $B_외$를 감소시켜 초전도 상태로 되돌아오게 하면, 이번에는 다른 값의 자기장이 초전도체 내에 남는다. 여기서 다시 본래의 온도로 하여도 초전도체 내에 남은 자기장은 변화할 수가 없기 때문에 같은 온도, 같은 외자기장에서도 초전도체 내의 자기장은 전과는 다른 값을 갖는다. 이와 같이 초전도체 내의 자기장은 같은 온도, 같은 외자기장에서도 과거에 어떤 경로를 경과하여 왔는가에 따라 여러 값을 가질 수 있다. 즉 과거의 이력을 알지 못하는 한 **답은 몇 개라도 있다는 것**이다.

답이 몇 개라도 있다는 것은 매우 곤란한 일이다. 상전도체에서는 $B_내$는 항상 $B_외$와 같아 답은 하나밖에 없으며 $B_내$는 $B_외$에 의해 **일방적**으로 결정된다. 기체의 압력 P도 체적 V와 온도

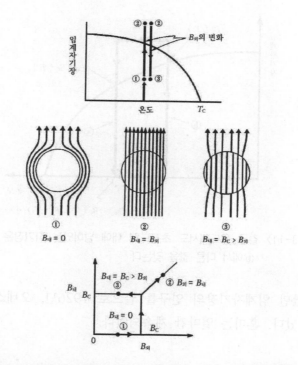

〈그림 3-10〉 초전도체에 외부에서 가해지고 있는 자기장 $B_외$가 임계자기장
　　　　　　B_c를 넘으면 초전도 상태가 깨져 자장이 내부에 침입한다. 여
　　　　　　기서 $B_외$가 감소하면 $B_외$가 임계자기장보다 큰 사이는 내부 자
　　　　　　기장 $B_내$는 $B_외$와 같은 값을 가지면서 변화한다

T가 주어지면 결정된다. 답이 일방적이기 때문에 왜 그 답이
나오는가를 기본적인 물리 법칙으로부터 유도해 내는 이론을
생각할 수가 있다. 답이 전혀 일정하지 않다면 이론을 세울 방
법이 없다.

　왕년의 오네스라면 정말로 답이 여러 개가 있는지, 이런저런
방법을 사용하여 실험하였을지도 모른다. 그러나 제자들과 함

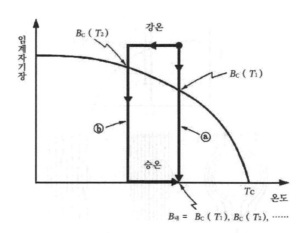

〈그림 3-11〉 같은 온도에서도 초전도체 내에 남아있는 자기장은 경로 ⓐ와 ⓑ에서 다른 값을 갖는다

께하였던 임계자기장의 연구를 끝으로 1926년, 오네스는 세상을 떠났다. 혼미는 얼마간 계속되었다.

답은 하나밖에 없다

물질에 자기장을 가하면 2개의 자극 N, S를 갖는 자석과 같이 **자화**된다. 물질에 따라서는 철과 같이 강하게 자화되어 자기장을 제로로 되돌려도 자화가 남는 것(영구자석)이 있으나, 많은 물질의 자화는 자기장에 비례하여 비례상수(**자화율**이라고 한다)는 철에 비해 작아서 자기장을 제로로 되돌리면 자화도 없어진다.

자화율은 플러스만이 아니라 마이너스의 값도 취할 수 있다. 플러스의 자화율을 갖는 물질을 **상자성체**라고 하며 자화는 가해지고 있는 외자기장과 같은 방향을 향하고 있다. 이것에 대해 마이너스의 자화율을 갖는 물질을 **반자성체**라고 하며 자화는 외

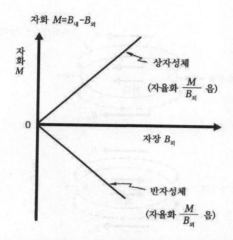

〈그림 3-12〉 자화에 의한 자기장 M과 외자기장 B외를 방향을 고려하여 합성한 것이 물질 내 자장 B내이다. 상자성체에서는 B내＞B외, 반자성체에서는 B내＜B외

자기장과 반대 방향을 향하고 있다.

자화에 의해 물질 내에는 자화에 의한 자기장이 생긴다. 이 자화에 의한 자기장 M과 외자기장을 방향을 고려하여 합친 것이 물질 내의 자기장 전내이다. 따라서 상자성체에서는 B내는 외자기장 B외보다 커지며 반자성체에서는 작아진다. 상전도 금속의 자화율은 실제로 무시할 수 있을 정도로 작기 때문에 자화의 영향은 없고, B내=B외로 보아도 좋다. 이것에 대해 B내=0의 상태에 있는 초전도체는 자화에 의한 자기장이 완전히 B외를 없애버리고 있다는 의미에서 **완전 반자성**을 나타낸다.

자화된 물질은 물질 내뿐만 아니라 자석과 같이 물질의 바깥쪽에도 자장을 만든다. 바깥쪽의 자기장은 자화에 의해 생기는 N극에서 나와 S극으로 향하므로, N극이 자기장 방향을 향하

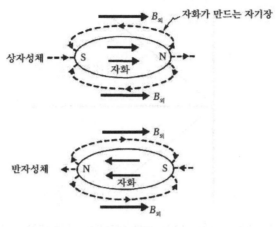

〈그림 3-13〉 상자성체와 반자성체

고 있는 상자성체에서는 〈그림 3-13〉과 같이 양쪽 극의 근처를 제외하고는 시료 측면에서는 외자기장과 **반대 방향**을 향하고 있다.

이것에 대해 반자성체의 경우는 N극이 자기장 방향과 반대 방향이며 측면의 자기장은 외자기장과 같은 방향을 향하므로 외자기장은 강해진다. 이와 같이 자화에 의해 변하는 시료 표면 근처의 자기장 분포는 시료의 형상을 알고 있으면 계산할 수 있기 때문에 자기장 분포를 측정함으로 시료 내의 자기장을 구할 수 있다.

1933년 독일의 W. 마이스너(Meissner)와 제자 R. 옥센펠드 (Ochsenfeld)는 고순도의 주석과 납의 단결정을 만들고 초전도 상태까지 냉각하여 균일한 자기장을 가했을 때의 시료 주변의 자기장 분포를 신중하게 측정하였다. 마이스너 등이 사용한 것

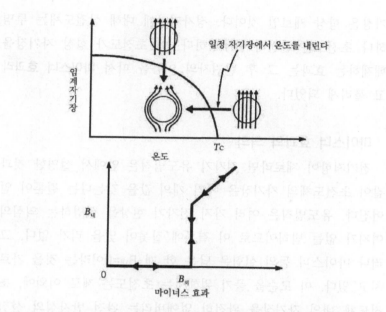

일정 자기장에서 온도를 내린다

임계자기장

온도

T_C

$B_{내}$

0    $B_{외}$

마이너스 효과

〈그림 3-14〉 일정 온도에서 자기장을 내리거나 일정 자기장에서 온도를 내려
도 초전도 상태로 되면 전도체 내의 자기장은 제로가 된다. 이
것이 마이스너 효과이다

은 가늘고 긴 막대모양 시료이다. 결과는 획기적인 것이었다.
자기장 분포는 임계자기장 이상으로부터 자기장을 내려갔을 경
우에도 초전도 상태가 되면 시료 내의 자기장이 제로일 때의
분포를 취한다는 것이 밝혀졌다. 더욱 놀랄 일은 시료가 상전
도 상태에 있는 임계온도 이상의 온도에서 자기장을 가해 **자기
장을 일정하게 유지한** 채로 온도를 내리면 초전도 상태로 옮겨
지자마자 시료 내의 자기장이 제로로 된다는 것이 밝혀졌다.
답은 하나밖에 없었다.

초전도체는 어떤 경우에도 정자기장을 배제하고, 내부의 자

기장은 항상 제로인 것이다. 정자기장에 대해 상전도체는 투명하나 초전도는 완전히 불투명하다. 이 초전도가 항상 자기장을 배제하는 효과는 그 후 발견자의 이름을 따서 **마이스너 효과**라고 불리게 되었다.

마이스너 효과의 의의

전기저항이 제로라면 전자기 유도법칙은 앞에서 설명한 것과 같이 초전도체의 자기장은 여러 개의 값을 갖는다는 결론이 얻어진다. 유도법칙은 여러 가지 전자기 현상을 설명하는 의심의 여지가 없는 법칙이므로 이 결론에 잘못이 있을 리가 없다. 그러나 마이스너 등의 실험은 답은 한 개 $B_{내}=0$이라는 것을 가르치고 있다. 이 모순을 풀기 위해서는 초전도는 제로 이외에, 초전도체 내의 자기장을 완전히 없애버리는 완전 반자성의 성질을 갖고 있다고 생각하지 않을 수 없다.

이 사실을 가장 단적으로 나타내는 것은 임계온도 이상의 상전도 상태에서 자기장을 가해 자기장을 일정하게 유지한 채로 온도를 내렸을 때 초전도 상태로 변하면, 시료 내에서 자기장이 배제된다는 것이다. 앞에서 이것이 놀랄 일이라고 설명한 것은 이 경우 자기장은 일정하게 유지되고 있기 때문에 자기장 변화에 의한 유도전류가 흐를 리가 없기 때문이다. 그럼에도 불구하고 자기장이 없어진 것은 마이스너 효과가 전기저항 제로로부터 유도될 수 없는 **독립된 초전도의 기본적 성질**이라는 것을 나타내고 있다.

어떻게 해서 마이스너 등이 매우 번거로운 실험을 할 때까지 마이스너 효과가 발견되지 않았을까? 초전도체에 자기장이 남

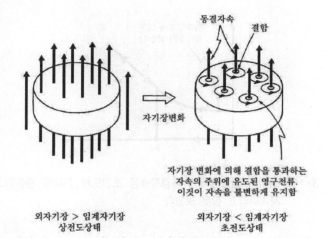

동결자속   결함

자기장변화

자기장 변화에 의해 결함을 통과하는
자속의 주위에 유도된 영구전류.
이것이 자속을 불변하게 유지함

외자기장 > 임계자기장   외자기장 < 임계자기장
상전도상태   초전도상태

〈그림 3-15〉 동결자속: 자기장 변화에 의해 결함을 통과하는 자속의 주위에
영구전류가 유도되어 자속을 불변하게 유지한다. 이 자속을 동
결자속이라고 한다

아있는 것인지 제로인지는 자화를 측정하면 비교적 간단하게
알 수 있을 것이다. 실제로 이와 같은 실험이 라이덴대학에서
이루어졌으나 시료 내에 자기장이 조금이나마 남아 있다는 결
과가 얻어졌다. 이것은 저항 제로에서 출발한 추리를 뒷받침하
는 것으로서 별로 깊이 추구되지 않았다.

후에 알게 된 일이나, 이때에 사용한 시료는 자기장이 통과
할 수 있는 상전도 부분이 남아 있는 결함이 많은 불균질한 시
료였다.

즉 한 덩어리의 초전도체가 아니고 눈에 보이지 않는 구멍이
무수히 관통하고 있는 초전도 링의 집합체와 같은 시료였다.
이와 같은 시료에 자기장을 제로에서부터 가해가면 무수한 작
은 링의 주위에 영구전류가 유도되어 자속을 통과시키지 않으

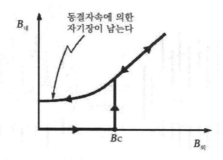

<그림 3-16> 초기의 실험에서는 동결자속을 초전도체 전체를 관통하고 있는
자속이라고 잘못 보았다

려고 하므로 시료 내의 자기장은 거의 제로로 유지된다.

　그러나 임계자기장 이상의 상전도 상태에서 자기장을 내려가
면, 이번에는 초전도 상태로 되돌아와도 상전도 상태에서 작은
구멍을 관통하고 있는 자속을 변화시키지 않으려고 하는 영구
전류가 유도되기 때문에 마치 자기장이 초전도체 내를 관통하
고 있는 것과 같은 결과를 주게 된다. 이 불균질한 초전도체를
관통하고 있는 작은 구멍에 묶여 있는 자속을 **동결자속**이라고
한다. 초기의 실험에서는 이 동결자속을 초전도체 전체를 관통
하고 있는 자속이라고 잘못 보았던 것이다.

　이와 같은 역사는 이론에 고집하지 말고 실험에 충실하라는
교훈을 남겼다. 그러나 인간은 편견에 사로잡히기 쉽다. 이번에
는 기묘한 자기적 성질을 모두 시료의 결함 탓으로 돌리는 묘
한 편견이 생겨, 나중에 설명하는 자기적 성질이 다른 타입의
초전도의 발견을 오랫동안 놓쳐버리게 되었다.

　마이스너 효과의 발견은 초전도체의 자기장이 과거의 이력에
관계없이 항상 제로라고 하는 하나의 답밖에 주지 않는다는 것

을 증명하였고, 답이 몇 개나 있어 다루기 어려웠던 혼미의 시
대에 종지부를 찍었다. 더 이상 초전도는 설명할 수 없는 현상
이라는 변명은 통하지 않게 되고 긴 모색의 시대가 시작되었다.

4. 양자의 세계

양자의 출현

인공위성을 확실하게 궤도에 올려놓고 정지시키거나 시시각각으로 위치를 추적할 수 있는 인공위성과 같은 매크로한 물체는 고전 역학에 따르기 때문이다. 물체에 힘 F를 가하면 물체의 속도 v가 변화한다. 물체의 질량(무게)을 m이라고 하면 질량 m×속도 v의 변화의 비율이 가해지고 있는 힘 F와 같다는 것이 고전 역학의 기본인 뉴턴의 법칙이다. 속도는 물체의 위치 변화의 비율을 나타낸다. 따라서 인공위성의 최초의 위치와 속도, 이들에 가해지는 힘을 알면 그 후의 위치와 속도를 시시각각으로 예지할 수 있다.

그러나 원자 또는 전자와 같은 마이크로한 입자는 전혀 다른 역학에 따른다는 것을 금세기에 들어와서 알게 되었다.

예를 들면, 철과 같은 물체를 1000℃ 근처까지 가열하면 빨갛게 빛을 내며 더 가열하면 글자 그대로 백열을 발한다. 이것을 열복사라고 한다. 1000℃ 근처에서 빨갛게 빛나는 것은 적(赤)의 진동수에 해당하는 빛이 복사되기 때문이라는 것이 확실하다. 그러나 왜 1000℃ 근처에서 붉은빛이 강하게 복사되는가 하는 것은 오랜 수수께끼로 남게 되었다.

1900년 독일의 M. 플랑크(Planck)는 복사되어 나오는 빛의 에너지가 빛의 진동수 v에 비례하는 에너지 입자의 단위에 지나지 않다고 생각하면 이 수수께끼가 해명된다는 것을 지적하였다.

70

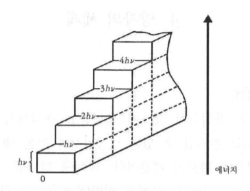

〈그림 4-1〉 에너지는 hν의 정수배인 띄엄띄엄의 값밖에 취할 수 없다.
hν를 '양자'라고 한다

플랑크는 입자의 크기를 hν라고 하고 에너지가 0, hν, 2h
ν, 3hν, …로 띄엄띄엄한 값밖에 취할 수 없다고 하여 온도에
따라 강하게 복사되는 빛의 진동수가 변화해 가는 것을 훌륭하
게 설명하였다. 플랑크는 단위 hν를 복사의 '양자(量子)'라고 불
렀으나, 여기서 처음으로 나타난 **플랑크 상수** h는 그 후 마이크
로의 세계를 지배하는 중심적 양이라는 사실이 분명해졌다.
에너지가 띄엄띄엄의 **불연속적**인 값밖에 취할 수 없다는 것은
어떤 에너지에서도 **연속적**으로 변한다는 고전 물리학과 정면으
로 대결하는 매우 대담한 발상이다. 예를 들면 열에너지는 절
대온도에 비례하고 물체의 운동에너지는 속도의 제곱에 비례하
며 모두 연속적으로 변화한다. 빛의 에너지도 광파의 진폭의
제곱에 비례하여 연속적으로 변화한다는 것도 고전 전자기학에
서 알려져 있었다.
1905년 플랑크의 대담한 발상을 더욱 뛰어넘는 혁명적인 생
각을 발표한 사람은 당시 스위스의 베른에서 특허국의 일을 하

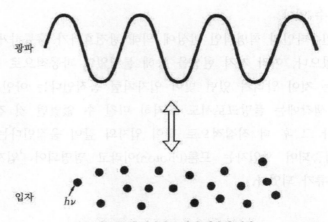

(h×진동수)의 에너지를 가진 입자의 집합

〈그림 4-2〉 빛은 파동이며 동시에 hν의 에너지를 가진 입자의 무리이다

고 있었던 상대성이론으로 유명한 아인슈타인이다.

금속에 빛을 조사(照射)하면 전자가 튀어나온다. 이것을 **광전효과**라고 한다. 이 광전효과에서 이상한 것은, 튀어나오는 전자의 에너지는 조사하는 빛의 강도에 좌우되지 않고 빛의 진동수 ν에 비례한다는 것이다. 아인슈타인은 이상한 효과는 진동수 ν를 갖는 빛이 에너지 hν를 갖는 '입자'의 집합체라고 생각하면 해소된다는 것을 지적하였다. 에너지 hν를 가진 빛의 입자가 금속 내의 전자와 충돌하여 가지고 있는 에너지를 전부 전자에 준다면 진동수에 비례하는 에너지 hν를 가진 전자가 튀어나온다는 것이다. 진동수를 바꾸지 않고 조사하는 빛의 강도를 증가시키면 튀어나오는 전자의 에너지는 변하지 않으나 수가 증가한다.

이것은 강한 빛일수록 빛의 입자의 수가 많다고 생각하면 이

72

해할 수 있다.

아인슈타인의 혁명적인 발상에 의해 광전효과가 훌륭하게 설명되었으나, 여러 가지 현상을 통해 틀림없이 파동적으로 움직인다는 것이 알려져 있던 빛이 입자처럼 움직인다는 아인슈타인의 생각에는 플랑크로서도 도저히 미칠 수 없었던 것 같다. 그러나 그 후 더 직접적으로 빛이 입자와 같이 움직인다는 것이 검증되어 광입자는 **포톤**(Photon)이라고 명명되어 '입자'의 한 종류가 되었다.

드브로이의 입자파

빛이 입자처럼 움직인다면 반대로 전자와 같은 참입자가 파동처럼 움직일 수도 있지 않을까? 이 역전의 발상을 발전시킨 사람은 프랑스의 드브로이(de Broglie)였다. 1923년의 일이다.

운동하고 있는 입자와 속도와 질량(무게)의 곱, 속도×질량을 **운동량**이라고 한다. 입자에 힘을 가하면 가해진 힘과 같은 비율로 운동량이 변화한다는 것이 고전 역학의 기초가 되고 있는 뉴턴의 법칙이다. 그런데 포톤은 무게가 없는 이상한 입자이다. 무게가 제로라면 운동량은 제로일 것이나, 포톤은 빛의 속도 c로 운동하고 있으며 운동에너지 $h\nu$를 갖고 있다. 입자의 운동에너지는 운동량×속도와 같다. 따라서 포톤은 질량이 제로인데도 운동에너지 $h\nu$를 갖고 있기 때문에 마치 $h\nu/c$의 운동량을 가진 것같이 움직인다.

진동수 ν를 가진 빛의 파동이 운동에너지 $h\nu$, 운동량 $h\nu/c$를 가진 입자처럼 움직인다면 반대로 운동에너지 ε, 운동량 p를 갖고 속도 v으로 운동하고 있는 참입자는 진동수 $\nu=\varepsilon/h$를

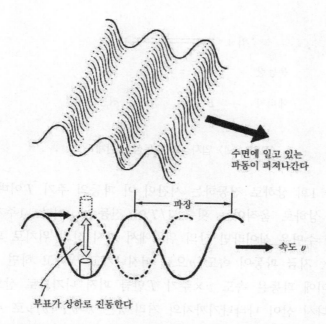

수면에 일고 있는
파동이 퍼져나간다

파장

속도 v

부표가 상하로 진동한다

〈그림 4-3〉 파동이 일고 있는 수면에 부표(浮標)를 띄운다. 부표가 1초 사이
에 상하하는 횟수=진동수 ν

$$파장\lambda = \frac{속도v}{진동수\nu}$$

갖는 파동처럼 움직이며, 운동량 p도 빛의 속도 c를 입자속도
v으로 치환한 형태(p=hν/c)로 나타낼 수 있지 않는가라는 것이
드브로이의 발상이다.

　연못에 작은 돌을 던지면 산과 골짜기가 주기적으로 연속된
파동이 주변으로 퍼져 나가는 것을 볼 수 있다. 이 파동이 일
고 있는 수면에 부표를 띄워두면 부표가 주기적으로 상하로 진
동하는 것으로부터 이 파동은 수면이 상하로 진동하면서 퍼져
나간다는 것을 알 수 있다.

$$입자 \Longleftrightarrow 파동$$

운동량　　p　=　h/λ　파장 λ

에너지　　E　=　$h\nu$　진동수 ν

〈그림 4-4〉 입자성과 파동성의 관계

부표가 1회 상하로 진동하는 시간이 이 파동의 주기 T이며, 1초간에 상하로 움직이는 횟수 $1/T$이 진동수 ν이다. 1주기 T사이에 수면은 산이라면 산의 위치에서 다시 산의 위치로 되돌아온다. 지금 파동이 속도 v으로 퍼져나가고 있다고 하면 1주기 사이에 파동은 속도 $v \times$주기 T만큼 퍼져 나가므로 산으로부터 다시 산이 나타나기까지의 거리 λ는 $\lambda = vT = v/\nu$로 주어진다. 이 거리 λ가 파동의 **파장**이다. 이것으로부터 운동량 p가 포톤의 운동량과 같은 형태 $p = h\nu/v$로 나타낼 수 있다면 드브로이가 생각했던 '입자파'의 파장은

$$파장 \lambda = h / 운동량 p$$

로 주어지게 된다. 이것을 **드브로이 파장**이라고 부른다.

매크로한 물체의 드브로이 파장은 플랑크 상수 h가 매우 작기 때문에 문제가 되지 않을 정도로 작다. 예를 들면 매초 1m의 속도로 운동하고 있는 무게 1g의 물체의 드브로이 파장은 1000만 조 분의 6m(6×10^{-31}m)이며 원자의 지름 약 1000억 분의 1m(10^{-10}m)에 비해서도 단위가 다를 정도로 작으며 실제로는 제로라고 보아도 좋다. 그러나 질량이 겨우 1000조조 분

의 1g(10^{-27}g) 정도의 전자가 되고 보면 같은 초속 1m에서 반대로 전자의 크기보다 엄청나게 큰 약 6mm의 드브로이 파장을 갖게 되어 파동성을 무시할 수 없게 된다.

드브로이의 예언은 실제로 전자선이 파동 특유의 성질을 나타내는 것으로부터 뒷받침되어, 마이크로의 세계에서는 입자의 파동성을 고려하지 않으면 안 된다는 것을 인식하게 되었다. 그래서 젊은 우수한 두뇌로부터 이 인식 위에 선 마이크로한 세계를 지배하는 양자역학이 탄생한 것이다.

현(弦)에 생기는 파동

한끝을 고정한 끈을 흔들면 진동이 파동처럼 전달되어 가는 것을 볼 수 있다. 똑같이 양끝을 고정시켜 팽팽하게 맨 현(弦)을 튕기면 진동하여 눈에 보이지 않으나 각종 파장을 가진 파동이 일어난다. 그러나 현의 양끝은 고정시켜 움직이지 않게 하였으므로 마치 양끝에 진폭이 제로인 마디가 오는 파장을 가진 파동밖에 일어날 수 없다. 파동의 마디는 반파장마다 나타나므로 현의 길이를 L이라고 하면 파장이 2L, L, 2L/3, L/2, …, 과 같이 길이 L의 정수분의 2배의 길이를 가진 파동은 이 조건을 만족한다. 즉 현에는 띄엄띄엄한 길이의 파장을 가진 파동밖에 일어날 수 없다.

이번에는 양끝을 연결한 고리를 생각하자. 가는 현을 고리 모양으로 팽팽하게 매는 것은 어렵기 때문에 굵은 금속 고리를 생각하여도 좋다. 이 금속 고리를 때리면 역시 진동파가 일어난다. 이 경우 파동의 마디는 어디에 생겨도 좋으나 마디에서 출발하여 고리를 한 바퀴 돌면 다시 같은 마디에 되돌아오도록

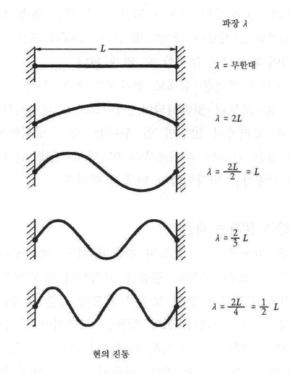

파장 λ

$\lambda = $ 무한대

$\lambda = 2L$

$\lambda = \dfrac{2L}{2} = L$

$\lambda = \dfrac{2}{3}L$

$\lambda = \dfrac{2L}{4} = \dfrac{1}{2}L$

현의 진동

〈그림 4-5〉 양끝을 고정시키고 팽팽하게 잡아당긴 현의 진동

되어야 한다. 이 조건을 만족하는 파동의 파장은 고리가 일주하는 주기의 길이의 정수분의 1에 한정된다. 즉 파장 λ가 λ =L, L/2, L/3, …, 값의 파동밖에 일어나지 않는다. 금속 고리를 때리면 찡하고 울린다. 고리의 지름이 작을수록 높은 음으로 울리는 것은 주장(周長)이 짧기 때문에 파장이 짧고 진동수가 높은 파동이 일어나기 쉽기 때문이다.

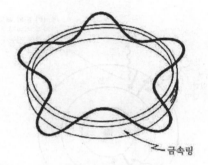

─ 금속링

〈그림 4-6〉 주장(周長) L의 고리에 생기는 파동. 그림은 파장 λ=L/5의 경우
를 나타낸다

전자파를 전자궤도에 끼워넣다

원자 내의 전자는 지구 주위를 어떤 궤도에 따라 돌고 있는
인공위성과 같이 원자핵의 주위를 돌고 있다. 전자에서나 인공
위성에서도 운동에너지가 클수록 반경이 큰 궤도를 돌지만 고
전 역학에 순응하는 매크로한 물체인 인공위성은 속도나 운동
방향을 바꿈으로써 자유자재로 어떤 궤도에도 올려놓을 수 있
는 것에 반해 파동성을 무시할 수 없는 전자는 제멋대로의 궤
도를 돌 수 없다. 앞 절에서 설명한 고리에 일어나는 파동처럼
궤도를 일주하는 길이가 전자파(電子波)의 파장의 정수배로 되지
않으면 안 되기 때문이다.

전자의 드브로이 파장은 운동량에 반비례하므로 전자는 띄엄
띄엄의 값인 운동량, 따라서 에너지밖에 가질 수 없게 된다. 원
자의 빛을 조사하면 특정의 띄엄띄엄의 진동수를 가진 빛을 흡
수한다. 이것을 원자의 선스펙트럼이라고 한다. 선스펙트럼은
이미 19세기 후반경부터 관측되고 있었으나, 아무리 해도 설명

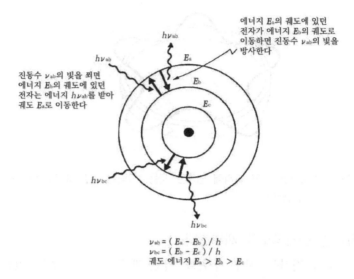

진동수 ν_{ab}의 빛을 쬐면
에너지 E_b의 궤도에 있던
전자는 에너지 $h\nu_{ab}$를 받아
궤도 E_a로 이동한다

에너지 E_b의 궤도에 있던
전자가 에너지 E_b의 궤도로
이동하면 진동수 ν_{ab}의 빛을
방사한다

$\nu_{ab} = (E_a - E_b) / h$
$\nu_{bc} = (E_b - E_c) / h$
궤도 에너지 $E_a > E_b > E_c$

〈그림 4-7〉 보어가 생각한 선스펙트럼이 나타나는 메커니즘

할 수 없는 이상한 현상으로 생각되었다.

드브로이의 입자파설이 발표되기 10년이나 전인 1913년, 덴마크의 물리학자 N. 보어(Bohr)는 원자 내 전자가 띄엄띄엄의 에너지를 가진 궤도밖에 취할 수 없다면 진동수 ν의 빛의 입자 하나하나의 에너지 $h\nu$밖에 가질 수 없다는 사실과 함께 선스펙트럼의 규칙성을 설명할 수 있다고 지적하였다. 지금 전자에너지가 E만큼 다른 궤도를 갖는 원자에 E=$h\nu$의 크기만큼을 갖는 진동수 ν의 빛을 조사하면 낮은 에너지의 궤도에 있던 전자는 빛에너지의 입자를 흡수하여 높은 에너지의 궤도로 이동할 수 있다. 따라서 각종 진동수를 함유한 빛을 원자에 쬐면 궤도의 에너지 간격에 일치하는 진동수의 빛만을 선택, 흡수한다는 것이 보어가 생각한 선스펙트럼이 나타나는 메커니즘이다.

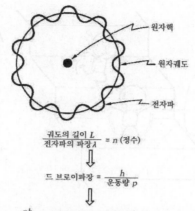

궤도의 길이 L / 전자파의 파장 λ = n (정수)

⇓

드 브로이파장 = $\dfrac{h}{운동량\ p}$

⇓

$p = \dfrac{nh}{L}$ 의 조건을 만족하는 운동량밖에는 허용되지 않는다

〈그림 4-8〉 어떤 에너지를 가진 궤도가 허용되는가?

문제는 어떤 에너지를 가진 궤도가 허용되는 것인가인데, 보어는 운동량 p와 궤도의 주장 L의 곱 p×L이 플랑크 상수 h의 정수배(p×L=0, h, 2h,…, nh)의 조건을 만족하는 궤도밖에 허용되지 않는다면 전자 1개와 양자(원자핵) 1개로 된 가장 간단한 원자—수소—의 선스펙트럼의 규칙성이 잘 설명된다는 것을 지적하였다.

운동량 p를 가진 전자의 드브로이 파장 λ는 λ=h/p이다. 따라서 보어의 조건은 (h/λ)×L=nh(n은 정수)로 바꿔 쓸 수 있으나 이것은 전자파가 주장 L의 궤도에 잘 맞는 조건 L/λ=n 바로 그것이다. 보어의 이론 중에 전자의 파동적 성격이 숨겨져 있었던 것이다.

20세기에 들어와서 원자구조를 진단하는 선스펙트럼의 연구는 급속히 발전하였으나 그 후 원자 내의 전자상태에 대해 예

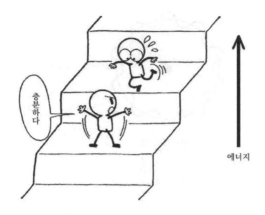

〈그림 4-9〉 파울리의 배타원리

상치도 않던 정보가 계속해서 튀어나왔다.

파울리의 배타원리

원자번호가 Z인 원자는 Z개의 음의 전하 -e를 가진 전자가 양전하 Ze를 가진 원자핵 주위의 궤도를 돌고 있다. 전자는 양과 음으로 대전한 물체 간에 작용하는 것과 같은 쿨롱 인력으로 원자핵에 끌려있기 때문에 원자핵에 가장 가까운 궤도에 안정되어 있는 쪽이 에너지적으로 편하나, 원자의 선스펙트럼을 자세히 조사하면 그렇게 되어 있지 않고 나타나야 될 흡수선이 빠져 있든가 한다.

1925년에 스위스의 W. 파울리(Pauli)는 실제로 관측되는 선스펙트럼의 패턴은 1개의 궤도에 해당하는 **양자준위 1개 이상의 전자가 차지할 수 없다**고 한다면 설명될 수 있다는 것을 지적하였다. 이것을 **파울리의 배타원리**(排池原理)라고 한다.

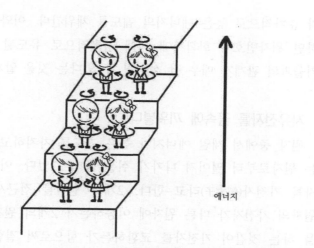

에너지

〈그림 4-10〉 한 개의 양자 준위에 반대 방향의 스핀을 가진 전자라면 한 개
씩 들어간다

선스펙트럼의 연구로부터 한 가지 더 알게 된 것은, 전자는
태양의 주위를 돌고 있는 지구가 남북 방향을 축으로 하여 팽
이처럼 돌고 있는 것과 마찬가지로 자전하고 있다는 것이다. 이
것을 **전자스핀**(Spin)이라고 한다. 이 전자스핀의 회전축이 어떤
방향과 그 정반대 방향의 2개의 방향밖에 취할 수 없다면 선스
펙트럼의 규칙성이 잘 설명될 수 있다는 것도 알게 되었다.
반대 방향의 스핀을 갖는 전자는 같은 에너지를 갖고 있으나
상태가 다르기 때문에 같은 궤도를 돌 수가 있다. 즉 1개의 양
자준위(量子準位)에 같은 방향의 스핀을 가진 전자는 1개 이상
들어갈 수 없으나 반대 방향의 스핀을 가진 전자라면 들어갈
수 있다.
원자 내 전자는 처음에 가장 에너지가 낮은 궤도로부터 시작
하여 반대 방향의 스핀을 가진 전자가 2개씩 파울리 원리에 따

라 순차적으로 높은 에너지의 궤도를 채워간다. 이와 같이 생각
하면 원자번호와 화학자에 의해 경험적으로 유도된 원소의 주
기율과의 관계가 매우 잘 설명될 수 있다는 것을 알게 되었다.

자유전자를 금속에 끼워넣다

원자 중에서 제일 에너지가 높은 궤도를 차지하고 있는 전자
는 원자로부터 떨어져 나가기 쉬운 상태에 있다. 이와 같은 전
자를 가전자(價電子)라고 한다. 2개의 원자를 접근시키면 한쪽
원자의 가전자가 다른 원자에 이동하든가 2개의 원자가 캐치볼
을 하는 것같이 가전자를 교환하든가 함으로써 결합하여 다종
다양한 분자를 만든다.

금속원자의 가전자는 특히 떨어지기 쉬워, 자유를 구해 가출
한 아이들과 같이 바로 이웃 원자뿐만 아니라 금속 중의 원자
사이를 활기차게 돌아다닌다. 이것이 예전에 드루데가 상상했
던 자유전자라는 것을 양자역학이 밝혀내었다.

실제의 금속은 3차원적으로 퍼져 있으며 구조도 복잡하나,
이야기를 쉽게 하기 위해 한 종류의 원자가 간격 a로 줄지어
있는 길이 L인 1차원 금속을 생각하자. 자유전자는 금속 밖으
로는 나갈 수 없으므로 양끝에서는 자유전자의 파동 진폭은 제
로로 되어 있지 않으면 안 된다. 따라서 양끝을 고정시킨 현에
서 일어나는 파동과 마찬가지로 전자파는 제멋대로의 파장을
취할 수는 없다.

지금 이 1차원 금속을 구부려 양끝을 연결하여 주장 L의 금
속 고리를 만들었다고 하자. 그러면 주장 L의 궤도를 돌고 있
는 원자 내 전자와 마찬가지로 1개의 자유전자의 파동은 L의

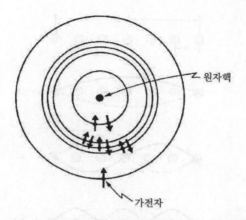

<그림 4-11> 원자구조. 바깥쪽의 궤도일수록 에너지가 높다

정수분의 1의 파장밖에 가질 수 없게 된다. 다만, 원자궤도와 금속 고리에서는 중요한 차이가 두 가지 있다.

첫 번째로 원자궤도의 주장은 전자파의 파장 λ에 맞춰 0, λ, 2λ, …, $n\lambda$(n은 정수)로 여러 가지 값을 취할 수 있는 것에 대해 금속 고리의 주장은 금속의 길이 L로 결정되는 1개의 값으로 한정된다는 점이다. 따라서 자유전자는 금속의 길이로 결정되는 파장 $\lambda=L/n$(n=0, ±1, ±2, …, 정수)로 제한된다. 여기서 n의 플러스와 마이너스는 같은 파장을 가진 자유전자가 고리를 우회전으로도 좌회전으로도 운동할 수 있다는 것을 나타내고 있다.

두 번째 차이는 원자 반경은 1억 분의 1㎝(10^{-8}㎝) 정도이므로 원자궤도의 주장은 길어도 1000만 분의 1㎝(10^{-7}㎝) 정도의 마이크로한 길이인데 비해 금속 고리의 주장은 훨씬 큰 매크로한 길이를 갖고 있다는 점이다. 이 때문에 운동량 $p=h/\lambda=n(h/L)$

84

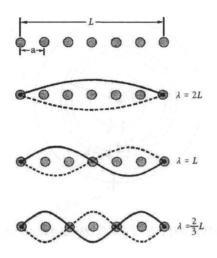

$\lambda = 2L$

$\lambda = L$

$\lambda = \frac{2}{3}L$

〈그림 4-12〉 길이 L의 1차원 금속에서 허용되는 전자파의 파장 λ

로 지정되는 양자준위의 간격 h/L은 플랑크 상수 h가 작기 때
문에 준위가 사실상 연속적으로 연결되어 있다고 할 정도로 작
다. 운동량 p를 갖는 전자의 에너지는 p^2에 비례하므로 준위의
에너지 간격은 더욱 작다.

자유전자가 '자유'로 행동할 수 있는 것은 이와 같이 준위가
거의 연속적으로 연결되어 있기 때문에 극히 작은 힘으로 상태
를 변화시킬 수 있기 때문이다.

금속준위를 채우다

2개의 같은 종류의 원자의 가전자가 차지하고 있는 준위는
원자가 떨어져 있을 때는 같은 에너지를 갖고 있다. 이 2개의
원자가 결합하여 분자를 만들면 가전자의 준위는 2개로 분리되
어 한쪽 준위의 에너지는 따로 떨어져 있을 때보다 낮고 다른

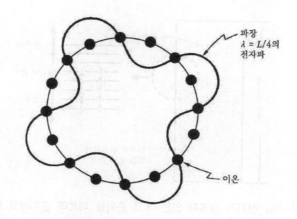

파장
$\lambda = L/4$의
전자파

이온

〈그림 4-13〉 고리 모양으로 연결된 주장 L의 1차원 금속

쪽의 준위는 높아진다. 원자가 결합하여 분자를 만드는 것은 전자가 낮은 쪽의 준위를 차지함으로써 원자가 따로 떨어져 있을 때보다도 에너지를 낮출 수 있기 때문이다.

　지금 앞 절에서 생각한 1차원 금속이 같은 간격 a로 줄지어 있는 N개의 같은 종류의 원자로 되어 있다고 하자. 원자가 따로 떨어져 있을 때는 각각의 원자의 합계 N개의 가전자는 같은 에너지를 갖는 준위를 차지하고 있으나, 원자가 금속에 결합하면 분자의 경우와 같이 N개의 준위가 분리된다. 앞 절에서 자유전자로 변모한 가전자는 금속의 길이 L로 결정되는 파장, 따라서 운동량밖에 가질 수 없다는 것을 설명하였으나 N개의 준위는 이 조건을 만족하도록 분리된다. N은 본래 방대한 수로서 길이 1㎝의 1차원 금속에서도 약 1000만(10^7)에 달하는 수이다. 준위는 대개 금속의 결합에너지에 해당하는 에너지 폭으로 분리되나, 이 중에 방대한 수의 준위가 모여 있기

86

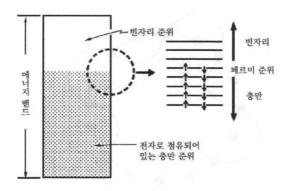

〈그림 4-14〉 전자가 채워져 있는 최고 준위를 페르미 준위라고 한다. 그 운동량을 페르미 운동량, 에너지를 페르미 에너지라고 한다

때문에 준위 사이의 에너지 간격은 무시할 수 있을 정도로 작다. 이것도 앞 절에서 얻은 결과와 같다.

이와 같이 양자준위가 거의 연속적으로 띠 모양(帶狀)으로 줄지어 있는 것을 **에너지 밴드**(band)라고 한다. 이 밴드의 준위를 에너지가 가장 낮은 준위로부터 파울리 원리에 따라 반대 방향의 스핀을 가진 전자를 2개씩 채워가면 $N/2$번째의 준위까지가 채워진다. 이 $N/2$번째의 준위는 파장 λ가 $\lambda=L/(N/2)$의 준위에 해당한다. 길이 L은 L/Na로 주어지므로 $\lambda_F=2a$, 운동량 $p_F=h/\lambda_F=h/2a$이다. 이 전자가 채워져 있는 최고 준위의 운동량 p_F를 **페르미 운동량**, 에너지를 **페르미 에너지**라고 부른다.

전자가 채워져 있는 최고 준위(**페르미 준위**라고 한다)보다 위의 나머지 $N/2$개의 준위는 공석인 채로 있기 때문에 어느 때라도 전자를 받아들일 수 있다. 따라서 페르미 준위에 매우 가까운 준위를 차지하고 있는 전자는 공석 준위로 이동함으로써 '자유'로이 에너지가 변할 수 있으나, 대부분의 전자는 상하의 준위

가 모두 채워져 있기 때문에 자유로이 에너지를 변화할 수 없
다. 말하자면 움직일 수 없는 상태로 있게 된다.

페르미 분포

　방대한 수의 자유전자도 기체분자와 마찬가지로 유한의 온도
에서는 난잡한 열운동을 하고 있다. 2장에서 설명한 것과 같이
드루데는, 자유전자는 이 열운동에 의해 기체분자와 마찬가지
로 온도 T에서 1전자당 평균 $k_B T$의 열에너지를 갖고 있다고
생각하였다. 지금까지 설명하여 온 것과 같이 양자역학에서도
실제상 연속적으로 에너지를 변화시킬 수 있기 때문에 이 고전
론의 결과를 수정할 필요가 없는 것같이 생각되나 파울리 원리
때문에 대부분의 전자는 난잡한 열운동을 하고 싶어도 움직일
수 없는 상태로 있다는 것을 고려해야만 한다.
　이와 같은 제약을 받고 있는 자유전자 기체가 어떻게 행동하
는가를 지적한 사람이 이탈리아가 낳은 천재적 물리학자 E. 페
르미(Fermi)이다. 절대영도에서는 전자는 페르미 에너지까지의
준위를 채우고 있다. 온도를 올려가면 전자는 되도록 난잡한
운동을 하려고 하나 대부분의 전자는 움직일 수 없는 상태에
있다. 그러나 페르미 준위보다 위의 준위는 공석이라는 것을
이용하여 페르미 준위에 가까운 준위를 차지하고 있는 전자는
가능한 한 난잡한 운동을 하려고 한다. 그 결과 페르미 준위를
중심으로 한 폭이 약 $k_B T$ 속에 있는 준위의 위에 있는 전자는
가능한 한 난잡하게 분포하여 고전법칙과 같이 1전자당 평균
약 $k_B T$의 열에너지를 갖는다는 것이 페르미가 얻은 결론이다.
　앞에서 논한 1차원 금속에서는 페르미 운동량 p_F는 $p_F=(h/2)$

88

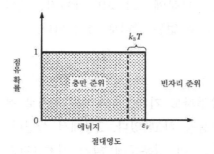

페르미 에너지 ε_F 이하는 에너지 준위는
확실히 전자가 점유하고 있는(점유 확률 = 1)
ε_F 이상의 준위를 전자는 점유하고 있지 않다.
(점유 확률 = 0)

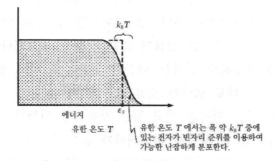

유한 온도 T 에서는 폭 약 $k_B T$ 중에
있는 전자가 빈자리 준위를 이용하여
가능한 난잡하게 분포한다.

〈그림 4-15〉 페르미 분포

×(N/L)으로 주어지므로 페르미 에너지는 $(N/L)^2$에 비례한다.
N/L은 단위 길이당의 전자수이다. 실제의 금속은 3차원이나
이 경우도 전자밀도(단위 체적당의 전자수)가 클수록 페르미 에너
지는 크다. 금속의 자유전자 밀도는 방대한 수로서 보통 1㎥당
1만 조조(10^{28})나 된다. 이 값으로부터 페르미 에너지 ε_F를 구
해 ε_F=$k_B T_F$로 놓고 ε_F에 해당하는 열에너지를 구하면 온도 T
$_F$가 1만에서 10만 K라는 어떤 물질이라도 순식간에 증발해 버
릴 정도의 초고온에 해당한다는 것을 알 수 있다. T_F를 **페르미**

온도라고 한다.

어떤 온도 T에서 페르미 준위를 중심으로 한 폭 약 $k_B T$ 범위 내의 준위에 있는 전자가 난잡한 분포를 취한다는 것을 앞에서 설명하였으나 전체 전자는 페르미 에너지 ε_F까지의 준위를 채우고 있기 때문에 폭 $k_B T$ 속에 있는 전자의 수는 전체의 약 $k_B T / \varepsilon_F = T / T_F$에 지나지 않으며 T_F가 최고온이기 때문에 실온(T가 약 $300K$)에서도 전체의 1%도 되지 않는다.

이와 같이 난잡한 열운동을 하고 있는 전자의 수가 적기 때문에 금속전자계는 작은 에너지밖에 얻지 못한다. 원자의 수와 같은 정도의 제멋대로 돌아다니는 자유전자가 있음에도 불구하고, 금속 전자계의 열에너지가 관측될 수 없을 정도로 작은 것이 어떻게 된 이유 때문인지 고전 물리학으로는 이해되지 않아 드루데의 자유전자모델의 결점으로 되어 있었으나, 페르미 분포를 생각함으로써 수수께끼가 해명되었다.

그러면 전기전도에도 근소한 수의 전자밖에 참가할 수 없는 것일까? 그 점은 잘되어 있어서 전기전도에는 모든 전자가 참가할 수 있게 되어 있다.

전기전도

어떤 한 방향으로 운동량 p를 가지고 운동하고 있는 전자가 있다면 반드시 그 반대 방향에 운동량 -p를 가지고 운동하고 있는 전자가 있다. 그렇지 않다면 어떤 한 방향으로 움직이고 있는 전자의 수가 많아져서 아무것도 하지 않는데도 불구하고 전류가 흐르고 있게 된다. 에너지는 운동량 p의 제곱에 비례하므로 자유전자의 에너지적 성질은 운동량의 부호에 좌우되지

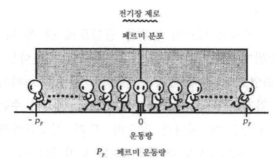

전기장 제로

페르미 분포

$-p_F$ 0 p_F

운동량

P_F 페르미 운동량

반대 방향으로 달리고 있는 전자의
수는 동수이며 평균 운동량은 제로이다

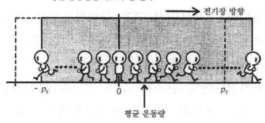

전기장이 가해지고 있다

전기장 방향으로 달리고 있는 전자의 수가 늘어
평균 운동량은 제로가 안 된다

→ 전기장 방향

$-p_F$ 0 p_F

평균 운동량

〈그림 4-16〉 전류가 흐르고 있는 상태

않으나, 한 방향으로 전자의 흐름—전류—을 생각할 때는 운동
량은 방향성을 갖고 있다는 것을 고려하지 않으면 안 된다. 따
라서 전압을 가하고 있지 않을 때에는 p=0을 중심으로 페르미
운동량 p_F로부터 $-p_F$까지의 준위를 대칭적으로 차지하고 있는
페르미 분포를 생각하는 편이 좋다.

지금 어떤 방향, 예를 들어 x방향으로 전압을 가하면 전기장
E에 의해 **전체 전자가 동시에 같은 힘** eE(e는 전자의 전하)를 받

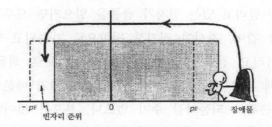

〈그림 4-17〉 가속되어 가는 전자의 흐름에 브레이크를 거는 구조.
페르미 준위 근처에 있는 선두 전자는 충동을 일으키
면 맨 뒤꼬리의 빈자리에 붙는다

는다. 페르미 준위보다 낮은 준위에 있는 전자는 멋대로 운동
량을 변화시킬 수 없으나 전체 전자가 동시에 같은 힘을 받으
면 페르미 준위에 있던 전자가 공석의 준위로 이동하여 계속해
서 준위가 비워지게 되므로 전체 전자는 최고 준위에 있는 전
자를 선두로 한꺼번에 전기장 방향으로 이동해 갈 수 있다.

이 상태에서는 페르미 분포의 중심이 운동량 p=0으로부터
떨어져 나가 벗어난 몫만큼 전기장 방향으로 이동하는 전자의
수가 증가한다. 이것이 전류가 흐르고 있는 상태이다. 이와 같
이 전류에는 페르미 준위에 가까운 제멋대로 운동할 수 있는
소수의 전자뿐만 아니라 전체 전자가 함께 참가한다.

그대로 두면 전기장으로부터 받는 힘 때문에 점점 가속되어
가는 전자의 흐름에 제동을 거는 것은, 전자가 장애물과 난잡
한 충돌을 되풀이하는 2장에서 설명한 드루데의 메커니즘이다.
다만, 드루데는 **전체 전자**가 충돌에 의해 제멋대로 운동량을 바
꾼다고 생각했으나 이번에는 그렇게는 되지 않는다. 제멋대로
운동량을 바꿀 수 있는 것은 페르미 준위 가까이에 있는 난잡
한 운동이 허용되는 전자에 한정되기 때문이다. 이 한정된 선

두 집단을 달리고 있는 전자가 충돌을 일으키면 드루데가 생각했던 것과 같이, 자신이 전기장 방향으로 가속되고 있다는 것을 잊어버리고 전기장이 없을 때의 평형분포로 되돌아가려고 한다. 이때 후속 집단의 전자가 바로 뒤에 있기 때문에 가속되기 전의 준위로 되돌아갈 수가 없으나, 분포가 벗어난 몫만큼의 공석이 비어 있는 맨 뒤꼬리에 붙을 수가 있다.

난잡한 운동을 할 수 있는 선두 집단의 전자가 충돌을 일으켜 맨 뒤꼬리 쪽으로 돌면 후속 집단의 전자가 선두로 튀어나오나, 이것도 튀어나오는 못은 얻어맞는다는 식으로 충돌을 일으켜 맨 뒤의 꼬리 쪽으로 돌게 된다. 지금 충돌이 평균 τ초마다 일어난다고 하면 선두 집단은 τ초를 달리면 맨 뒤의 꼬리 쪽으로 돌아가게 되므로, 결국 전체 전자의 전기장 방향으로의 이동은 τ초가 지나면 마치 나오는 못은 얻어맞는다는 식으로 스톱이 걸리게 된다.

τ초 사이에 전체 전자는 전기장 E로부터 힘 eE을 받아 뉴턴의 법칙에 따라 이 힘과 같은 비율로 운동량이 변화하므로, 모든 전자의 전기장 방향의 운동량은 힘 eE×시간 τ만큼 변화한다. 따라서 전기장이 가해지기 전에 운동량 p와 -P를 가지고 있던 전자는 (p+eEτ), (-p+eEτ)의 운동량을 갖게 되므로 한 개의 전자가 갖는 평균 운동량은 제로에서 eEτ로 이동한다. 운동량은 전자의 질량 m과 속도 v의 곱과 같기 때문에 전기장이 가해지면 전자는 평균 속도 v=eEτ/m로 전기장 방향으로 움직이고 있는 것이 된다.

지금 금속 시료 중에 전기장 방향으로 수직인 단면을 생각하면 이 단면으로부터 평균속도 v과 같은 거리 이내에 있던 전

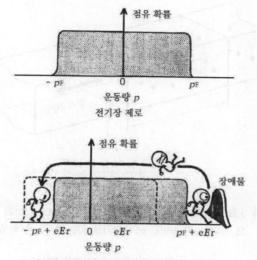

점유 확률

- p_F   0   p_F

운동량 p

전기장 제로

점유 확률

장애물

- p_F + eEτ   0   eEτ   p_F + eEτ

운동량 p

전기장 E가 가해져 전류가 흐르고 있는
상태 평균 운동량이 제로에서 $eEτ$로 이동한다

〈그림 4-18〉 충돌이 평균 τ초마다 일어난다고 하면……

자는 다음 1초 사이에 단면을 통과한다. 따라서 단위 면적당 매초 통과하는 전자의 수는 평균속도 v×전자밀도 n으로 주어지게 된다. 전류밀도는 단위 단면적을 매초에 통과하는 전하의 양으로 정의되므로, 결국 이 상태에서는 전자전하 e×속도 v×전하밀도 n와 같은 전류밀도 j=ne$v$을 갖는 전류가 흐르고 있는 것이 된다. 평균속도 v은 v=eEτ/m으로 주어지므로 j=σE로 정의되는 전기전도율 σ는 σ=ne²τ/m으로 주어진다.

이 결과는 2장에서 설명한 드루데의 결과와 완전히 같은 형태를 하고 있으나 내용은 상당히 다르다. 전자가 충돌과 충돌사이에 달리는 평균거리 ℓ(평균자유행로)은 평균속도 u와 충돌사

94

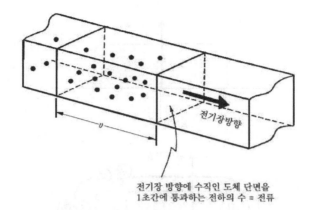

전기장 방향에 수직인 도체 단면을
1초간에 통과하는 전하의 수 = 전류

〈그림 4-19〉 1초 사이에 단면을 통과하는 전자의 수는, 단면을 바닥면으로 하
고 길이가 평균속도 v의 크기를 갖는 상자 중에 있는 전자이다

이의 평균시간 τ의 곱, $\tau u = \ell$ 로 주어진다. 2장에서도 설명한
것과 같이 이 평균속도 u는 전자가 전기장에서 가속됨으로써
얻는 전기장 방향의 평균속도 u보다 훨씬 큰, 격렬한 전자의
열운동의 평균속도이다. 드루데는 평균자유행로는 전자가 충돌
하는 장애물의 수와 분포에 의해서 결정되는 일정값을 가지며
열운동의 평균 속도 u가 온도의 저하와 더불어 작아지기 때문
에 $\tau = \ell / u$에 비례하는 전기전도율이 증대한다고 생각하였다.
  그러나 이번에는 충돌을 일으키는 전자는 페르미 준위 부근
의 **페르미 속도** v_F를 갖고 운동하고 있는 전자이다. 페르미 속
도는 전자밀도에 의해 결정되는 페르미 에너지를 갖는 전자의
속도로 온도에는 좌우되지 않는다. 오히려 앞에서 설명한 것과
같이 저온이 되어도 상당한 초고온의 열운동 속도에 해당하는
크기를 갖고 있다. 페르미 속도 v_F가 일정하다면 $\tau = \ell / v_F$로
주어지는 충돌 사이의 평균시간은 드루데가 생각하였던 것과

같이 평균자유행로 ℓ 이 일정하다면 온도에 의존하지 않는 일정값을 갖게 된다. 그러나 실제로 τ 에 비례하는 전기전도율은 온도의 저하와 더불어 증대한다.

이것을 설명하기 위해서는 평균자유행로 ℓ 이 일정하지 않고 온도의 저하와 더불어 길어진다고 생각하지 않을 수 없다. 금속전자의 양자론을 완성함과 아울러 이 ℓ 의 온도 변화의 메커니즘을 완전하게 설명한 사람은 현재도 미국에서 연구 활동을 계속하고 있는 독일 태생의 물리학자 F. 브로흐(Bloch)이다.

브로흐의 금속전자 양자론

자유전자가 금속의 '상자'에 가둬져 있는 것은 가전자를 잃어버리고 양으로 대전한 원자(**양이온**이라고 한다)에 끌어당겨지고 있기 때문이다. 금속원자는 규칙정연하게 주기적으로 배열된 결정격자를 엮고 있다. 따라서 마이크로하게 보면 전자는 같은 모양으로 분포한 양전하가 아니고 격자 위에 균일하게 배열된 양이온의 양전하를 보고 있는 것이 된다. 금속상자의 바닥은 판판하지 않고 주기적인 요철이 있다.

브로흐는 이런 경우, 전자파의 진폭은 이온 배열의 주기에 일치하도록 변하며 파동의 형태는 복잡해지나 파장은 요철이 없을 때와 같이, 파동이 금속에 꼭 끼는 조건으로 결정된다는 것을 지적하였다. 소위 AM(진폭 변조) 라디오의 전파는 파동의 진폭이 음성에 맞춰 변화하나(**변조**된다) 파장은 일정하다. 똑같이 금속전자의 파동은 금속의 크기로 결정되는 파장을 갖고 있으나 이온 배열의 주기로 진폭이 변조되고 있다.

이와 같이 이온 배열에 잘 순응하는 전자파는 방해받지 않고

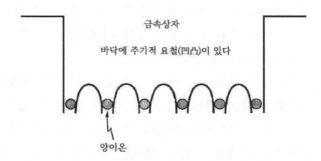

〈그림 4-20〉 금속상자의 바닥은 평평하지 않고 주기적 요철(凹凸)이 있다

일정한 파장을 유지하면서 전파해 간다. 즉 전자의 운동량을 바꾸는 '충돌'은 일어나지 않는다. 이렇게 해서는 전기저항이 나타날 수가 없다.

층의 차이가 가지런한 계단이라면 대부분의 사람은 리듬을 타고 별로 발밑에 신경을 쓰지 않고 뛰어 내려올 수 있다. 그러나 계단차가 조금이라도 다른 곳이 있으면 리듬이 깨어져서 멈춰서든가 넘어질 것이다. 이온 배열 주기의 리듬을 타고 운동하고 있는 전자도 이온이 정위치로부터 벗어난 곳이 있으면 리듬이 깨져 파장이 다른 파동으로 바뀌어진다. 이 세상에는 100% 완전한 결정은 없으며 약간이나마 불순물이나 결함이 존재한다. 브로흐는 이와 같은 이온 배열의 불규칙성과 전자가 '충돌'하여 저항이 생긴다는 것을 지적하였다.

불순물 등에 의한 이온 배열의 불규칙성은 온도에 따라 변화하지는 않기 때문에, 불규칙성의 정도에 따라 결정되는 전자의 평균자유행로도 변화하지 않는다. 따라서 앞 절에서 말했듯이 전기저항도 온도 변화도 하지 않는 것이 된다. 2장에서 오네스가 극저온에서 온도를 변화하지 않는 잔류저항이 남는다는 것

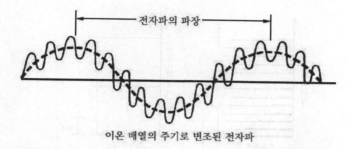

이온 배열의 주기로 변조된 전자파

〈그림 4-21〉 금속 전자파는 금속의 크기로 결정되는 파장을 갖고 있으며 이
온 배열의 주기로 진폭이 변조되어 있다

계단차가 일치하여 있으면 리듬을 타고
달려 내려갈 수 있다

계단차가 다르면 멈추든가 넘어진다

〈그림 4-22〉 계단의 단차가 일치하지 않으면 도중에 멈추든가 넘어진다

을 발견하였다고 설명하였다. 브로흐는 이 잔류저항이 불순물
과 결함에 의한 이온 배열의 불규칙에 의한 것이라는 것을 명
확히 하였다.

98

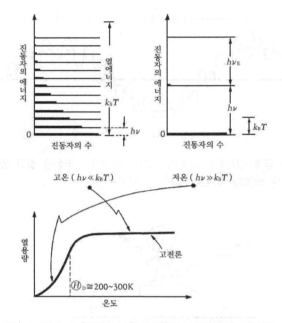

〈그림 4-23〉 고체의 열용량이 실온 이하에서 작아지기 시작하는 것은 무슨 이유일까? 격자진동의 에너지로 $h\nu$를 단위로 하는 띄엄띄엄 의 값을 취하나, 온도가 내려가 열에너지 $k_B T$가 $h\nu$보다 작 아지면 에너지의 불연속성을 무시할 수 없게 되기 때문이다

그렇다면 온도를 올려가면 저항이 증가하기 시작하는 것을 어떻게 설명하면 좋을까?

격자진동

1장에서 고체 내의 분자는 결정격자의 정해진 위치에 조용히 있는 것이 아니고 격자점 부근에서 난잡한 열진동을 하고 있다 는 것을 설명하였다. 이것을 **격자진동**이라고 한다.

이 분자의 열진동이 고전적인 에너지 등분배법칙에 따라 1분자당 $3k_BT$의 열에너지를 갖는다고 하면 고체의 열용량은 온도에 좌우되지 않고 분자의 개수×$3k_BT$의 값을 갖는다. 그러나 실제로는 대부분의 고체는 실온(약 $300K$) 이하로 온도를 내리면 열용량은 작아지기 시작하여 고전론에 대한 도전적 과제로 되어 있었다는 것도 1장에서 설명하였다.

이 문제를 해결한 사람이 다름 아닌 아인슈타인이다. 아인슈타인은 진동수 ν로 진동하고 있는 분자의 격자진동 에너지 E도 플랑크진동자와 마찬가지로 E=$nh\nu$(n은 자연수)의 띄엄띄엄의 값으로 양자화되어 있다고 하였다. 에너지 간격 $h\nu$가 열에너지 k_BT에 비해 무시할 수 있을 정도로 작은 경우에는 진동자는 에너지를 연속적으로 변화시킬 수 있으므로, 고전적인 등분배법칙에 따르는 열에너지를 가지지만 온도가 내려가 에너지의 불연속성을 무시할 수 없게 되면 진동자는 제일 낮은 n=0(E=0)의 상태로 떨어지려고 한다. 따라서 열진동을 일으키고 있는 진동자의 수, 따라서 열에너지가 온도의 저하와 더불어 급속히 감소하므로 열용량이 절대영도에서 제로가 되도록 감소하여 간다는 것을 아인슈타인은 지적하였다.

아인슈타인은 분자는 모두 같은 진동수 ν_E로 난잡한 진동을 하고 있다는 간단한 모델을 사용하였으나 실제로는 각종 진동수를 갖고 진동하고 있다. 이 양상을 자세히 안다는 것은 어려우나 독일의 P. 디바이(Debye)는 고체 전체의 기계적 진동은 방대한 수의 분자진동의 현상이라는 것에 착안하여 진동수의 분포를 구하는 방법을 고안하였다. 이 모델에 의하면 분자진동의 진동수는 제로로부터 디바이 진동수라고 부르고 있는 최곳값 ν_D까지 분포해 있으나 평균 진동수는 거의 ν_D에 가까운 값을 갖는다. 이 디바이 진동수에 해당하는 에너지 $h\nu_D$를 $h\nu_D = k_B T_D$로 놓고 열에너지로 환산하였을 때의 온도 T_D를 디바이 온도라고 한다. 디바이 온도는 다이아몬드와 같이 $1000K$ 이상의 높은 것이 있는가 하면 수은과 같은 수십 K인 낮은 것도 있으나 보통은 실온($300K$) 정도이다.

이 디바이 온도를 경계로 하여 대부분의 고체의 열용량은 고전값으로부터 벗어나 작아지기 시작한다.

격자진동과 전자

금속의 결정격자점에 위치하고 있는 이온도 예외 없이 난잡한 열진동을 하고 있다. 따라서 순간적으로 보면 이온 배열은 불규칙적이다. 브로흐는 100%의 완전한 결정이라도 이 열진동에 의한 이온 배열의 불규칙성 때문에 전자가 운동량을 바꿔 전기저항이 생긴다는 것을 지적하였다.

열진동에 의한 격자의 불규칙성을 전자가 어떻게 느낄 것인가는 복잡한 문제이나 불규칙성의 정도가 클수록 강하게 느낄 것이라는 것을 상상할 수 있다. 불규칙성의 정도는 이온진동이 심하고 진동의 진폭이 크며 순간적으로 본 격자점으로부터의 벗어남이 클수록 크다. 따라서, 온도가 높고 격자진동의 열에너지가 클수록 격자진동에 의한 이온 배열의 불규칙성과 전자가 '충돌'하는 빈도가 커지며, 전기저항이 커진다고 예상된다.

브로흐는 디바이 온도보다 온도가 훨씬 높고 격자진동계가 고전적으로 움직이는 온도 영역에서는 저항은 열에너지 $k_B T$에 비례하여 변화하며, 디바이 온도보다 낮은 온도 영역에서는 진

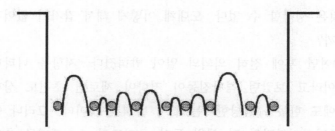

〈그림 4-24〉 고온에서 전기저항이 커지는 이유. 양이온의 배열은 난잡한 열
　　　　　운동을 하여 순간적으로 보면 문란해 있으므로 금속상자의 바닥
　　　　　의 요철도 어지럽혀져 있다. 이 불규칙도는 온도가 높을수록 크
　　　　　다. 따라서 전자가 이온 배열의 불규칙과 충돌하는 빈도가 높아
　　　　　진다

동자의 수가 감소되는 것도 원인이 되어 온도의 저하와 더불어
저항이 급속히 감소하여 간다는 것을 지적하고, 실험에서 보여
지는 저항의 온도 변화에 대한 거동을 멋지게 설명하였다. 완
전 결정에서 저항은 절대영도에서 제로로 향한다. 그러나 다소
라도 불순물을 함유하고 있으면 제로로 향하지 않고 일정한 잔
류저항으로 진정된다.

잔류저항은 불순물이나 결함의 농도가 클수록 크다. 따라서,
불순물이 많은 시료에서는 잔류저항의 영향이 높은 온도로부터
나타나서 디바이 온도 이하가 되어도 거의 저항의 감소가 보이
지 않는다. 이것도 실험과 잘 일치한다.

이와 같이 브로흐의 일련의 연구에 의해 금속전자에 대한 양
자론의 기초가 확립되었다. 마이스너 효과가 발견되기 수년 전
인 1928년의 일이다. 이것으로 드루데의 자유전자 모델도 기
초를 잡게 되었으나 그만큼 초전도의 수수께끼는 점점 깊어지
게 되었다. 격자진동과 불순물이 어떤 온도에서 갑자기 없어지

는 것은 생각할 수 없다. 도대체 어떻게 해서 갑자기 없어지는 것일까?

20여년 후에 전혀 의외의 일이 밝혀졌다. 저항을 나타내는 원홍이라고 보았던 격자진동이 저항이 제로인 초전도 상태의 출현에도 한몫을 담당한다는 것이 밝혀진 것이다. 그러나 이것에 도달하기까지의 긴 세월 동안 초전도의 수수께끼를 추리하는 모색의 시대가 계속되었다.

5. 모색의 시대

현상론

초전도는 어떻게 해서 일어났는가? 금속전자의 양자론이 출현하기 전에는 어쨌든 자유전자의 본성도 확실하지 않고 충돌의 메커니즘도 알고 있지 못하므로…라는 발뺌이 가능하였으나 브로흐 이론의 출현으로 발뺌이 허용되지 않게 되었다. 여기에 초전도는 새로운 모양으로 그 후 30년 가까이에 걸쳐 최고 두뇌의 도전을 물리쳐 온 난제로서 등장하였다.

눈을 감고 자유전자의 존재를 가정한 내력이 있는 드루데의 자유전자 모델은 금속의 기본적 성질을 설명하는 데 커다란 성과를 올렸다. 따라서 보통 방법으로는 해결될 것 같지도 않은 문제는 일단 제쳐놓고, 충돌의 메커니즘이 나타나지 않는 **초전자**(超電子)를 상정하여 실험 사실과 물리학의 기본법칙에 비추어서 그 본성을 탐색하는 일로부터 출발하는 현상론(現象論)으로부터 초전도의 정체를 파헤치는 작업이 시작되었다. 적을 알면 자연히 공격의 수단도 알 수 있다는 것이다.

초전도 상태는 임계자기장 B_c에서 깨져 상전도 상태로 바뀐다. 이것은 B_c 이상의 자기장에서는 상전도 상태 쪽이 초전도 상태보다 에너지가 낮아진다는 것을 나타내고 있다. 그런데 B_c는 앞에서 설명한 것과 같이 임계온도 T_c 이하에서 불연속적으로 어떤 값으로 뛰는 것이 아니고 온도 저하와 더불어 연속적으로 증대하여 절대영도에서 일정값으로 접근한다는 것을 상기하기 바란다. 이 초전도 상태의 에너지 변화를 반영하는 임

104

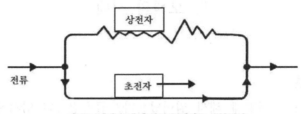

전류는 저항을 받지 않는 초전자로 운반된다

〈그림 5-1〉 근소하지만 초전자가 나타난 상태에서 전류를 흘리면 전류는
저항을 받지 않는 초전자로 운반된다

계자기장의 움직임은 무엇을 의미하는 것일까?

2유체모델

금속전자론에서 기술할 수 있는 상전도 상태의 저항을 받는
전자를 **상전자**(常電子)라고 부르기로 하자. 임계온도 T_c 이하에
서 초전자가 나타난다. 새롭게 성격이 다른 전자가 나타난다는
것은 생각할 수 없기 때문에 초전자는 상전자가 모습을 바꿨음
에 틀림없다. 초전자로 되는 편이 에너지가 낮아지기 때문에
모습을 바꾼다고도 상상할 수 있다. 임계자기장의 움직임은 이
상전자의 변신이 임계온도 이하에서 한 번에 일어나는 것은 아
니고, 처음에는 급속히 진행되고 나중에는 온도의 저하와 더불
어 천천히 진행한다는 것을 나타내고 있다. 이 모양은 끓는점
이하에서 자유롭게 떠돌아다니던 기체분자가 액체상태로 **응축**
해 가는 모양과 비슷하다.

상전자가 근소하게나마 초전자로 응축된 상태에서 전류를 흘
리면 초전자가 저항이 없는 전류의 통로를 만들어 주기 때문에
전류는 저항 없이 흐른다. 즉 근소하게나마 초전자가 나타나면

초전도의 여러 가지 성질도 나타난다. 이와 같은 초전도 특성에는 상전자는 모습은 나타내지 않으나 뒤에서는 중요한 역할을 하고 있다. 상전자는 보다 에너지가 낮은 초전자로 변신한다. 따라서 변신한 상전자의 수, 즉 초전자의 수가 많을수록 초전도 상태의 에너지는 상전도 상태에 비해 틀림없이 낮아져 있을 것이다. 나중에 설명하는 것과 같이 초전도 상태와 상전도 상태의 에너지 차이가 임계자기장에 반영된다. 따라서 초전자의 수가 적은 임계온도 T_c 부근에서는 초전도 특성이 나타나도 극히 약한 자기장에서 사라져 상전도 상태로 바뀌어져 버린다.

초전도 상태에서는 n개의 금속 전자가 n_s개의 초전자와 n_N개의 상전자로 분리되어 있다고 가정하는 모델을 **2유체(二流體)모델**이라고 한다. 초전자수와 상전자수의 비율은 어떤 온도에서의 초전도 상태와 상전도 상태의 에너지 차이로 결정되며 절대영도에서는 모든 전자가 초전자로 변한다(n_s=n, n_N=0). 반대로 임계 온도에서 초전자수는 제로(n_s=0, n_N=n)가 된다.

이 2유체모델에 결실을 맺게 한 사람은 물리적 직감력이 풍부한 러시아(구소련)의 귀재 란다우(Landau)와 긴츠부르크(Ginzburg)이다. 그러나 이것은 전후의 일이고 그 전에 상전자는 그대로 접어둔 채, 초전자의 움직임에 주목하여 마이스너 효과가 갖는 의의에 주목한 런던(London) 형제의 훌륭한 현상론이 전개되고 있었다.

마이스너 효과와 자기에너지

전자기학에 의하면 자기장 B가 존재하는 공간에는 본래 자기장을 만들어 내기 위해 소요된 에너지가 단위 체적당 B^2에 비

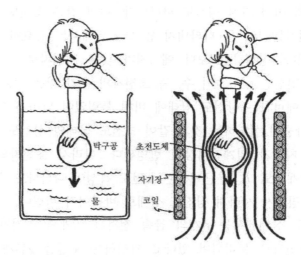

〈그림 5-2〉 수중에 탁구공을 어느 깊이까지 가라앉히기 위해서는 힘×깊이와
같은 일을 하지 않으면 안 된다. 똑같이 초전도체를 자기장 중에
'가라앉히기' 위해서는 힘을 가해 일을 하지 않으면 안 된다

례하는 자기(磁氣)에너지로 퍼져 있다. 초전도체를 자기장 속에
넣으면 초전도체가 차지하는 공간에 있던 자기장은 마이스너
효과 때문에 배제되고 자기에너지는 제로가 된다. 이 사라진
에너지는 어딘가에서 나타나지 않으면 안 된다. 그렇지 않으면
자연계의 법칙인 에너지보존법칙이 깨지기 때문이다.

　수중에 힘을 가해서 물을 밀어젖히면서 탁구공을 어떤 깊이
까지 밀어넣는다면 힘×깊이와 같은 일을 하지 않으면 안 된
다. 탁구공은 이 받은 일을 위치에너지로서 갖는다. 손을 놓으
면 이 위치에너지를 소비하면서 탁구공은 떠오른다.

　초전도체를 자기장을 밀어젖히면서 자기장 속으로 '가라앉히
는 데'에는 역시 힘을 가해 일을 하지 않으면 안 된다. 자기장

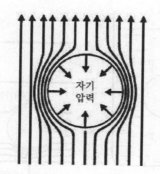

〈그림 5-3〉 자기장 중의 초전도체는 그 표면에 수중의 탁구공에 대한 수압에
대응하는 자기 압력을 받고 있다

이 제로인 곳에서 자기장 B의 장소로 초전도체를 옮기기 위해
서는 초전도체가 밀어젖힌 B²에 비례하는 자기에너지와 같은
일이 필요하다.

수중의 탁구공이 받은 일과 같은 위치에너지를 갖는 것과 마
찬가지로 자기장 속의 초전도체는 밀어젖힌 공간에 있던 자기
에너지를 갖는다. 즉, 사라진 자기장의 에너지는 초전도체의 에
너지 증가로 변모한다.

자기장을 높여가면 초전도체의 자기에너지는 증대한다. 이
중 한 몫이 상전도 상태와 초전도 상태의 에너지 차이와 같아
지는 자기장 B_c가 임계자기장이 된다. 자기장이 B_c를 넘으면
자기장을 밀어젖히는 쪽보다 거침없이 통하게 하는 상전도 상
태 쪽이 에너지가 낮아진다.

부상자석

임계자기장에서 초전도 상태가 깨어지는 것은 탁구공을 수중

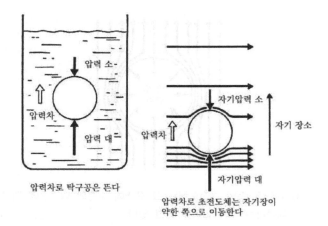

압력차로 탁구공은 뜬다

압력차로 초전도체는 자기장이
약한 쪽으로 이동한다

〈그림 5-4〉 수중의 탁구공이 압력차로 뜨는 것과 같이 자기장 중의 초전도체
도 자기의 압력차가 있으면 자기장의 약한 쪽으로 이동한다

깊이 가라앉히면 수압에 견디지 못해 깨져버리는 양상과 비슷
하다. 상전도 상태는 물이 거침없이 통과하는 구멍투성이의 탁
구공과 같은 것이다. 실은 자기장 속의 초전도체도 표면에 수
압에 대응하는 **자기압력**을 받고 있다. 이 자기압력은 초전도체
내에 자기장이 들어가서 자기에너지를 내리려고 하는 작용 때
문에 생기는 것이다.

탁구공을 가라앉히고 있는 힘을 빼면 떠오르는 것은 수압이
깊이에 비례하고 있기 때문에, 공의 밑표면이 받는 압력이 위
표면이 받는 압력보다 크기 때문이며, 만일 공의 전체 표면이
같은 압력을 받고 있다면 떠오르지도 않을뿐더러 가라앉지도
않는다. 똑같이 일정한 자기장 속에 놓인 초전도체는 자기장이
낮은 쪽으로 향하는 차의 자기압력을 받아 움직인다. 이것을
여실히 나타내는 것이 **부상 자석**(浮上磁石)의 실험이다.

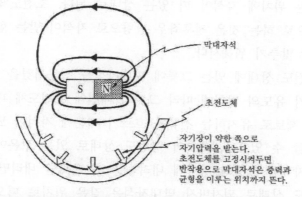

막대자석

초전도체

자기장이 약한 쪽으로
자기압력을 받는다.
초전도체를 고정시켜두면
반작용으로 막대자석은 중력과
균형을 이루는 위치까지 뜬다.

〈그림 5-5〉 부상 자석(사진제공: 도호쿠대학 공학부 사이토 교수)

　그릇 모양의 초전도체에 대해 끈으로 달아 맨 짧은 막대자석
을 그릇 바닥으로 향해 위로부터 접근시키면, 막대자석이 만드
는 자기장을 초전도체가 배제하기 때문에 그릇을 밀어내려 막
대자석으로부터 멀리하려는 힘이 그릇 내면에 작용한다. 그릇
이 움직일 수 없도록 고정되어 있다면 작용과 반작용의 법칙에
의해 막대자석이 같은 힘을 반대 방향으로 받아 중력과 균형을

이루는 위치에 자석이 떠 있는 상태로 된다. 초전도체를 그릇 모양으로 하는 것은 전후좌우 방향으로 자석이 받는 힘의 균형을 잘 맞추기 위해서다.

초전도 상태에 있는 그릇에 막대자석을 접근시켰을 경우에는 전자기 유도의 법칙에 따라 그릇의 내면에 초전도체 내의 자기장을 제로로 유지하는 전류가 흐르기 때문에 자석이 뜨는 것은 이해할 수 있으나, 그릇이 상전도 상태로 있는 고온에서 미리 막대자석을 그릇의 바닥에 내려놓은 후 온도를 내리면, 그릇이 초전도 상태로 되자마자 막대자석은 같은 위치로 떠오르는 것이 마이스너 효과의 신기함이다. 이 경우 그릇이 초전도 상태로 되기까지 자석은 바닥에 그대로 있는 상태이므로 그릇이 받는 자기장은 변화하지 않는다. 따라서 자기장을 배제하는 전류가 유도될 리가 없다. 그렇지만 전류를 유도하였을 때와 같은 힘을 자석이 받아 같은 위치까지 떠오르게 된다.

런던 형제

마이스너의 논문이 발표된 해에 나치 독일을 도망하여 영국으로 이주한 두 사람의 유태계 물리학자 프리츠(Fritz)와 하인즈 런던(Heinz London)이 있었다. 형, 프리츠는 1927년에 새로운 양자역학을 이용하여 W. 하이틀러(Heitler)와 함께 2개의 수소 원자가 전자의 수수로 생기는 교환력으로 수소분자에 결합하는 메커니즘을 밝혀 이미 명성을 얻고 있었다. 한편 동생, 하인즈는 저온물리학에 끌려 초전도 연구를 시작하고 있었다.

앞에서도 설명하였으나 물질 중에는 자기장을 가하면 물질 내를 통과하는 자장을 약화시키려는 작용이 생기는 것이 있다.

이것을 **반자성체**(反磁性體)라고 한다. 반자성은 자기장을 가했을 때의 자기장 변화에 의해 물질의 분자 내에 자기장 변화를 방해하는 마이크로한 전자전류가 유도되기 때문에 생긴다. 앞에서 설명한 것과 같이 유도기전력은 자속(磁束)변화의 비율과 같기 때문에, 지름이 크고 전자궤도의 면적이 큰 분자로 된 물질일수록 강한 반자성을 나타낸다. 벤젠과 같이 큰 분자로 된 유기물질이 그 예이다. 1935년경 프랑스에 체재하고 있던 형 프리츠는 이 벤젠과 같은 큰 분자에 의한 반자성에 흥미를 갖고 있었다.

반자성체의 반자성의 크기는 크다고 하여도 정밀 실험을 하지 않으면 알지 못할 정도이나 이것과는 반대로 마이스너 효과는 강렬하여 자기장을 완전히 차폐하는 반자성의 극한—**완전 반자성**—이 나타남으로 알 수 있다. 완전 반자성은 어떤 메커니즘으로 생기는 것일까? 프리츠는 초전도에 조예가 깊은 동생과 함께 이것에 초전도의 비밀을 푸는 열쇠가 숨겨져 있다고 생각하여 대담한 추리를 전개하였다.

마이스너 효과를 추리하다

앞에서 설명한 것과 같이 마이스너 효과는 저항 제로로부터 유도될 수 없는 독립된 성질이다. 그러나 이 두 가지 초전도의 기본 특성은 깊은 상호관계를 갖고 있음이 확실하다. 가령, 완전 반자성의 메커니즘이 해명되었다고 하여도, 그것이 완전 도전성(저항 제로)을 주는 것이 아니면 의미가 없다. 따라서 런던 형제는 먼저 저항이 없는 초전자의 존재를 가정한 2유체모델에 입각하여 마이스너 효과가 나타나기 위해서는 초전자가 어떤 성질을 갖고 있지 않으면 안 되는가를 고찰하였다.

문제는 초전자의 자기장 속에서의 움직임이다. 먼저 초전도 링(또는 코일)을 생각하자. 링이 상전도 상태에 있을 때 자기장을 가해 온도를 내려 초전도 상태로 한 후 자기장을 끊으면 영구전류가 유도된다. 앞에서 설명한 오네스의 상세한 실험에 의해 영구전류는 전자기 유도법칙으로부터 기대한 대로의 값을 갖는다는 것을 알고 있다. 영구전류의 주인공은 초전자가 틀림없기 때문에 이 현상은 링 모양의 초전도체에서는, 초전자는 자기장에 대해 상식대로 응답하여 이상한 움직임은 보이지 않는다는 것을 나타내고 있다. 런던 형제는 링의 구멍을 없애고 한 덩어리의 초전도체로 하였을 때 이 초전자의 성격이 갑자기 변한다고 생각하는 것은 아무래도 부자연하다고 생각하였다. 즉 완전 반자성을 나타나는 것은 이상한 메커니즘이 아니고 전자기학 법칙에 따라 외자기장을 차폐하도록 흐르는 초전자전류라고 생각하는 것이 자연스러우며 이 차폐전류는 프리츠의 말을 빌리면 "유도 전류와 이질의 것이라고 생각할 필요는 전혀 없고, 같은 하나의 원리로부터 유도된 것이 분명하다"고 생각하였다.

이렇게 하여 런던 형제는 잘 알려져 있는 유도법칙으로부터 출발하여 '같은 하나의 원리'를 나타내는 런던방정식을 유도하였다.

런던방정식

자기장이 변화하면 전기장이 유도된다. 저항을 받지 않는 초전자는 이 유도 전기장에 의한 힘으로 자유롭게 가속되어, 가

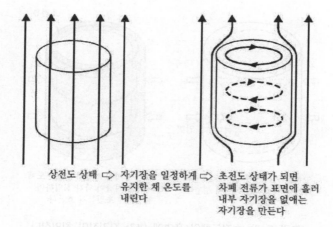

상전도 상태 ⇨ 자기장을 일정하게   ⇨ 초전도 상태가 되면
유지한 채 온도를   차폐 전류가 표면에 흘러
내린다   내부 자기장을 없애는
자기장을 만든다

〈그림 5-6〉 자기장 중의 초전도에 흐르는 차폐전류

속에 의한 전류 변화가 초전도체 내의 자기장 변화를 완전히 없애버린다. 이때의 자기장과 초전자 전류의 관계는 유도법칙으로부터 구할 수 있으나 본래 자기장 변화가 일어나기 전에 초전도체 내에 있던 자기장이 일정하게 유지된다는 답을 얻을 뿐 마이스너 효과는 설명되지 않는다는 것은 3장에서 설명한 대로이다.

많은 사람들은 이것으로 단념하고 유도법칙으로부터는 마이스너 효과는 설명할 수 없으며 무엇인가 다른 메커니즘을 찾아야 한다고 생각하였으나, 런던 형제는 유도법칙을 간단히 포기하지 않았다. 유도법칙은 어떤 경과를 좇아 초전도 상태를 가져왔는가에 따라 몇 가지 모양으로 초전도체 내에 자기장 $B_{내}$를 나타내는데, 그중에는 자기장 제로로부터 출발하는 경우의 $B_{내}=0$이라는 해(解)도 있다. 런던 형제는 메커니즘은 알지 못하나 마이스너 효과는 과거의 경과와 관계없이 초전도 상태는 이

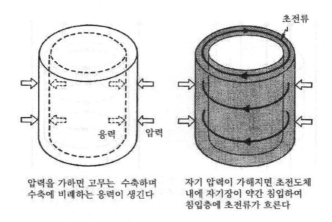

초전류

응력　압력

압력을 가하면 고무는 수축하며
수축에 비례하는 응력이 생긴다

자기 압력이 가해지면 초전도체
내에 자기장이 약간 침입하여
침입층에 초전류가 흐른다

〈그림 5-7〉 초전도체의 표면에 약간 자기장이 침입한다

$B_{내}=0$라고 하는 특별한 해석밖에 허용되지 않는다는 것을 나타
내고 있다고 가정하였다.

이것은 허점을 찌른 매우 대담한 가정이다. 특히 미리 상전
도 상태에서 자기장을 가해 자기장이 일정한 채 온도를 내려서
초전도 상태로 가져왔을 때에 어떻게 해서 자기장 변화가 없는
데도 $B_{내}$를 제로로 하는 차폐전류가 '유도'되는가는 불문에 붙
여둔 채로였다. 그러나 이 대담한 가정 위에서 유도법칙을 단
서로 하여 구해진 자기장과 초전류의 관계를 나타내는 런던방
정식은 초전도의 수수께끼를 추리하는 유력한 실마리를 주게
되었다.

자기장은 침입한다

자기장 속의 초전도체에 흐르는 초전류는 자기장과 수직인
면 내에 와상(渦狀)으로 흐른다. 전류 주위에는 3장에서 설명한

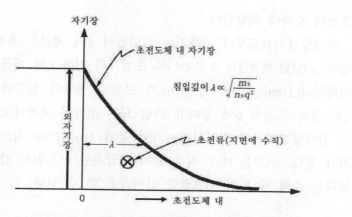

〈그림 5-8〉 런던방정식으로부터 구해지는 침입 깊이 λ

것과 같이 반드시 자기장이 생긴다. 가해진 자기장으로 생긴 와상 초전류는 가해진 자기장과 반대 방향의 자기장을 만들어 초전도 내의 자기장을 없애는 것이 초전류의 차폐효과에 관한 내막이다.

그런데 런던방정식을 풀어보면 자기장을 없애버리는 효과는 완전하지 않고, 초전도의 표면에 약간 자기장이 침입하고 있다는 답이 얻어진다. 자기장이 침입하고 있는 깊이를 **침입깊이**라고 부른다.

앞에서 자기장 속에 있는 초전도체의 표면에는 자기압력이 가해지고 있다고 설명하였다. 고무풍선을 누르면 조금 오그라들어 누르는 힘과 반대 방향의 힘이 생겨 찌그러지지 않으려고 한다. 초전도체는 자기압력에 의해 수축하는 일은 없으나 표면에 초전류가 흐름으로써 자기압력에 견뎌낸다. 초전류가 흐르고 있는 표면층의 두께가 침입깊이에 해당한다. 초전류는 고무풍선의 탄력에 해당하며 침입깊이는 탄력을 생기게 하는 고무

116

풍선의 수축에 해당한다.

런던방정식으로부터 구해지는 침입깊이 λ의 제곱은 초전자의 밀도 n_s(단위 체적당의 초전자수)와 초전자의 전하 q의 제곱에 반비례한다($\lambda^2 \propto m_s/n_s q^2$). 가령 m_s가 보통의 전자의 질량과 같고 q는 전자의 전하 e와 같다고 하면 모든 전자가 초전자로 변하는 절대영도에서의 침입깊이는 1억 분의 $1m(10^{-8}m)$ 정도의 크기가 된다. 이것은 매우 작은 값이나 금속원자의 원자 간 거리보다는 수백 배나 긴 매크로한 길이라고 할 수 있다.

침입깊이를 측정한다

침입깊이는 작기 때문에 그때까지 신경을 쓰지 않았으나 정말로 런던이 추정한 정도의 크기를 갖고 있다고 하면 측정할 수 있는 방법이 있다. 곧 생각나는 것은 시료를 점차로 작게 해가는 방법이다. 예를 들면 진공 중에서 금속을 녹여 금속증기를 현미경의 슬라이드에 부착시키는 증착법(蒸着法)으로 $10^{-8}m$ 정도의 박막을 만드는 것은 쉽다. 이와 같은 박막의 막면도 평행으로 자기장을 가하면 자기장은 막면의 양끝으로부터 침입하기 때문에 막의 두께가 침입깊이 λ 정도라면 자기장은 거의 막 전체를 통과하게 되어 완전 반자성은 거의 잃어버린다. 따라서 막의 두께를 변화시켜 가면서 자화를 측정하면 λ를 추정할 수 있다. 다만, 이 방법은 박막 자체의 체적이 작기 때문에 매우 미소한 자화의 변화를 검출하지 않으면 안 된다는 어려움이 있다.

1939년 영국의 D. 쉔베르그(Shoenberg)는 수은 화합물을 달걀의 흰자위에 섞으면 금속수은의 지름이 매우 작은 구(球)로 되어 콜로이드상으로 석출된다는 것에 주목하였다. 구형의 물

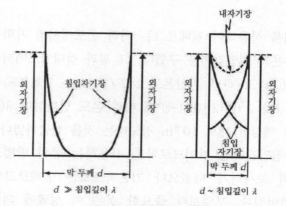

〈그림 5-9〉 박막의 막면과 평행으로 자기장을 가하면…

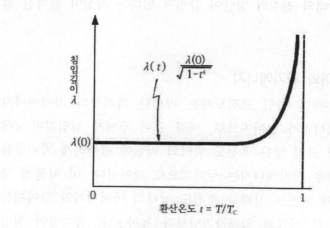

〈그림 5-10〉 침입깊이의 온도 변화

체가 액체 속을 침강하는 속도는 구경(球徑)에 의존하므로 각종 지름의 수은구를 체가름할 수 있다. 하나하나의 수은구는 매우 작으나 많은 양을 모으면 유효체적이 커지므로 자화는 비교적 쉽게 측정할 수 있으며 반자성의 크기와 구경의 관계를 구할 수 있다.

이 방법을 사용하여 쉔베르그는 여러 온도에서의 자화 측정으로부터 수은의 침입깊이를 구했다. 그 결과 절대영도에서의 침입깊이를 $\lambda(0)$라고 하면 환산온도 $t=T/T_c(T_c$는 임계온도)에 대해 침입깊이 λ가 $\lambda^2(t)=\lambda^2(0)(1-t)^4$에 따라 온도 변화하며 $\lambda(0)$의 값이 런던이 예상한 대로 10^{-8}m 정도라는 것을 산출하였다.

그 후 침입깊이는 마이크로파를 사용하는 등의 방법으로 더욱 자세히 조사하게 되었으나 기본적으로는 쉔베르그와 같은 결과가 얻어졌다. 무엇보다 중요한 것은 이 성과에 의해 런던 형제의 추리의 산물이었던 침입깊이가 검증되어, 런던방정식에 초전도 상태의 진실의 일단이 감춰져 있다는 사실이 밝혀진 점이다.

침입깊이와 자기에너지

자기장 속에 놓인 초전도체는 배제한 자기장의 자기에너지 몫만큼 에너지가 높아지므로, 예를 들어 두께가 침입깊이 λ에 비해 그리 크지 않은 초전도 박막의 막면에 평행하게 자기장을 가하는 경우 자기에너지는 상대적으로 작아진다. 이 때문에 자기에너지가 상전도 상태와 초전도 상태의 에너지차와 같아지는 자기장은 큰 시료의 임계자기장보다 높아진다. 자기장이 침입하고 있는 영역도 초전도 상태이므로 이것은 박막의 전기저항을 측정함으로써 확인할 수 있다.

결과는 예상대로 막의 두께를 얇게 하여 가면 상전도 저항이 나타나는 **전이 자기장**이 차츰 커지고 막 두께가 침입깊이 정도로 되면 급속히 커진다는 사실이 알려졌다.

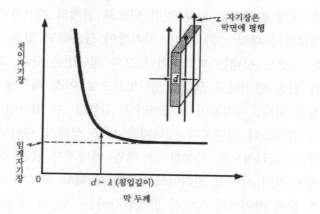

〈그림 5-11〉 막 두께를 얇게 하면 전이 자기장이 커진다

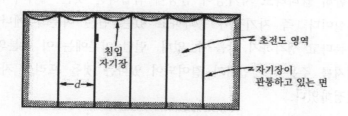

〈그림 5-12〉 자기장이 초전도체를 두께 d의 층상으로 자르는 것과 같이 관
통하고 있을 때 d가 침입깊이보다 작으면 자기장은 거의 같게
초전도 영역에 침입하게 된다

이 결과는 런던 이론을 한층 뒷받침하게 되었으나 한편에서
는 형 프리츠 자신이 지적한 딜레마를 낳았다. 지금 자기장이
식빵을 얇게 자르듯이 통과하여 초전도체를 두께 d의 층상 영
역으로 분할하고 있는 상태를 상상하자. 만일 두께 d가 침입깊
이 λ보다 훨씬 작을 정도로 초전도 영역이 분할되어 있다면
절단면을 통과하고 있는 자기장은 거의 같은 모양으로 초전도

층 내에 침입하고 있는 것이 되므로 전체의 자기에너지를 거의 제로까지 내릴 수가 있다. 자기장이 통과하고 있는 절단면에서는 초전도 상태는 파괴되어 있으나 절단면은 글자 그대로 두께가 없는 면이라고 생각할 수 있으므로 이것 때문에 에너지 손실은 없다. 자기장이 조금이라도 침입할 수 있다면 이상과 같이 마이스너 상태보다 에너지가 낮은 상태가 나타날 가능성이 있다. 원리적으로 가능한 한 제일 에너지가 낮은 상태로 안정되는 것이 자연의 원리이므로 어떻게 해서 실험이 나타내는 것과 같이 마이스너 상태가 안정한가라는 의문이 생긴다.

침입깊이의 존재가 명백한 한 이 딜레마를 푸는 데는 아무리 무한히 얇더라도 자기장이 면상에 침입하는 것은 에너지적으로 손실이다. 즉 자기장이 통과하고 있는 면은 여분의 에너지를 갖는다고 생각하지 않을 수 없다. 런던 이론에는 이 여분의 에너지를 주는 무엇인가가 결여되어 있다는 것을 프리츠 자신이 인정하였다.

중간상태

실은 프리츠가 상상했던 상태는 가공적인 것이 아니고 약간 다른 모양으로 실제로 존재한다. 초전도체는 자기장을 밀어젖히고 있기 때문에 가해지는 외자기장이 균일하더라도 특별한 경우를 제외하고 초전도체 표면에서 밀어내어진 자기장의 분포는 같은 모양이 아니고 외자기장보다 강한 곳이 있는가 하면 약한 곳도 생긴다. 자기장 분포의 패턴은 시료의 형상에 좌우되나, 예를 들어 구형 시료의 경우 균일한 외자기장이 남북 방향을 향하고 있다고 하면 적도 위치에서의 자기장이 가장 강해

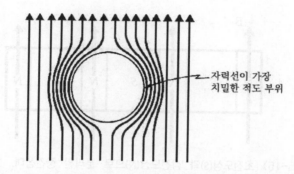

〈그림 5-13〉 자력선의 밀도가 같은 균일 자기장을 구형 초전도체에 가하면
마이스너 효과 때문에 적도 부위의 자기장이 가장 강해진다

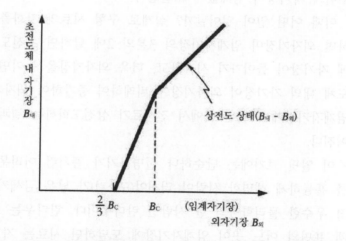

〈그림 5-14〉 구형 초전도체 내의 자기장 $B_{내}$의 외부 자기장 $B_{외}$에 대한 변
화. $\frac{2}{3}B_c$와 B_c 사이 $B_{내}$는 직선적으로 변한다

외자기장의 2분의 3배로 되며, 적도로부터 벗어남에 따라 약해
지고 양극에서는 제로가 되는 분포를 취한다. 이 때문에 외자
기장이 임계자기장에 이르지 않아도 먼저 적도 부근의 한정된

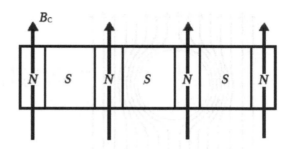

〈그림 5-15〉 초전도상(S)과 상전도상(N)으로 분리된 중간상태. N상을 통과
하고 있는 자기장은 임계자기장 B_c와 같다

부위의 자기장이 임계값에 도달한다.

이때 어떤 일이 일어날까? 실제로 구형 시료의 자화를 측정
하면 외자기장이 임계자기장의 3분의 2에 달하면 초전도체 내
에 자기장이 들어가기 시작하고, 더욱 외자기장을 높이면 초전
도체 내의 자기장이 외자기장에 비례하여 증가하여 외자기장이
임계자기장에 도달된 곳에서 전시료가 상전도화하는 결과가 얻
어진다.

이 얼핏 보기에는 단순하나 설명하기가 좀처럼 어려운 결과
를 훌륭하게 해명한 사람이 러시아(구소련)가 낳은 금세기의 가
장 우수한 물리학자의 한 사람인 란다우이다. 란다우는 초전도
체 표면의 어느 곳이 임계자기장에 도달하면 시료는 자기장이
관통하고 있는 **상전도상**과 관통하고 있지 않는 **초전도상**이 번갈
아 나타나는 분역으로 나눠진다고 생각하였다. 초전도, 상전도
상이 사이좋게 공존하기 위해서는 두 상의 에너지가 같지 않으
면 안 된다. 상전도상을 관통하고 있는 자기장이 임계자기장과
같으면 이 조건은 만족된다. 란다우는 외자기장을 높여가면 임

계자기장이 관통하고 있는 상전도상의 체적이 외자기장에 비례
하여 증가하는 것이 에너지적으로 가장 이득이 있다는 것을 지
적하였다. 상전도상을 관통하고 있는 자기장이 일정하다면 초
전도체 내의 자기장은 상전도상의 체적에 비례하므로 실험 결
과가 설명된다.

이 상전도, 초전도상이 공존하고 있는 상태를 **중간상태**라고
한다. 그 후 각종 방법으로 대략 란다우가 예측한 대로의 구조
를 가진 중간상태가 존재한다는 것이 검증되었으나, 중간상태
가 안정하게 존재하기 위해서도 초전도상과 상전도상의 경계에
런던이 지적한 여분의 에너지를 주는 무엇인가가 필요하다.

즉 경계는 플러스의 경계에너지를 갖고 있지 않으면 안 된
다. 그렇지 않으면 무제한 얇은 분역으로 분열하며 자기장을
단번에 통과시키는 쪽이 에너지적으로 이득이 되어, 두 개 사
이의 체적비를 자기장에 비례하는 일정값으로 유지할 수 없기
때문이다.

란다우는 이 문제점을 충분히 인식하고 있었다. 그러나 당시
(1939)는 2차 세계대전의 전운이 가득 차 있을 즈음이었다. 란
다우가 이 문제의식으로부터 출발하여 긴츠부르크와 함께 플러
스의 경계에너지를 주는 메커니즘을 포함한 현상론을 발표한
것은 전후인 1950년의 일이었다.

초전자는 질서 있는 운동을 한다

같은 1950년에 프리츠 런던의 『초유체 I, 초전도의 매크로이
론』이라는 제목의 명저서가 출판되었는데, 그중에서 프리츠는
런던방정식의 의의에 대해 여러 해에 걸친 깊은 고찰의 결과를

124

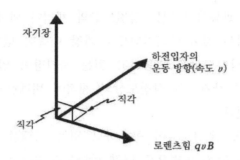

〈그림 5-16〉 자기장 중을 운동하고 있는 하전입자가 받는 힘

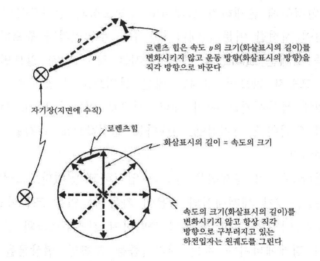

〈그림 5-17〉 속도를 변화시키지 않고 항상 직각 방향으로 구부러지는 입자는
자기장과 수직인 면 내에 원궤도를 그린다

정리하고 있다.

자기장 속을 운동하고 있는 전하를 가진 입자는 전하 q, 자
기장 B와 속도 v의 곱, qvB의 크기를 갖는 힘을 받고 있다.
이것을 로렌츠 힘이라고 한다. 로렌츠 힘은 기묘한 힘으로서

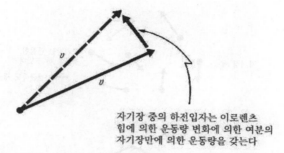

자기장 중의 하전입자는 이로렌츠
힘에 의한 운동량 변화에 의한 여분의
자기장만에 의한 운동량을 갖는다

⟨그림 5-18⟩ 자기장 중의 하전입자는 여분의 운동량을 갖는다
하전입자의 질량 m×속도 v+자기장 중의 여분의 운동량=0
런던방정식

자기장 방향과 운동 방향의 두 방향과 항상 수직 방향으로 작
용하고 있는 힘이다. 이 때문에 로렌츠 힘은 입자의 운동 방향
을 변환시킬 뿐이며 속도의 크기는 변화시키지 못한다. 속도를
변화시키지 않고 항상 직각 방향으로 굽혀지고 있는 입자는 자
기장과 수직인 면 내에 원궤도를 그린다. 속도가 변하지 않는
다면 운동량도 변하지 않을 것으로 생각할 수 있으나, 운동 방
향을 굽히고 있는 힘에 의한 운동량의 변화가 있다. 이 때문에
자기장 속을 운동하고 있는 하전입자는 보통의 운동량(질량×속
도) 이외에 **자기장에만 의존하는 여분의 운동량**을 갖고 있다.

실은 런던방정식을 조금 바꿔 쓰면 **1개의 초전자가 자기장 속
에서는 운동량이 제로**라는 것을 나타내는 식이 된다. 프리츠는
이것에 주목하였다. 런던방정식은 본래 초전류와 자기장의 관
계를 나타내는 식이다. 초전류는 방대한 수의 초전자의 평균속
도에 비례하는 매크로한 양이다. 따라서 런던방정식은 1개의
초전자가 아니고 방대한 수의 초전자의 **평균운동량**이 제로라는

126

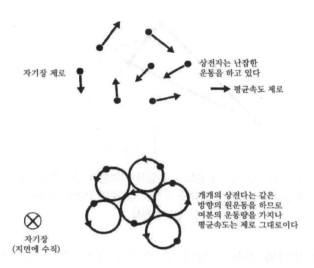

자기장 제로

상전자는 난잡한
운동을 하고 있다

→ 평균속도 제로

⊗
자기장
(지면에 수직)

개개의 상전다는 같은
방향의 원운동을 하므로
여분의 운동량을 가지나
평균속도는 제로 그대로이다

〈그림 5-19〉 자기장이 있을 때와 없을 때의 상전자

것을 나타내고 있는 것이 확실하다.

그런데 자기장이 없을 때는 자기장을 차폐하는 전류는 흐르지 않기 때문에 전자의 평균속도는 제로가 된다. 이것은 전자가 사방으로 난잡하게 운동하고 있기 때문이라고 보통 생각할 수 있다. 자기장이 가해지면 전자는 여분의 운동량을 갖는다. 이 여분의 운동량은 앞에서 설명한 것과 같이 자기장의 강도만으로 결정되며 전자의 속도에는 좌우되지 않기 때문에 여분의 운동량의 평균값은 1개의 전자가 갖는 여분의 운동량과 같다. 한편 로렌츠 힘은 전자속도를 변화시키지 않고 모든 전자를 같은 방향으로 굽히고 있을 뿐이므로 속도의 평균값은 자기장이 없을 때와 같이 제로인 채로 있을 것이다. 따라서 자기장 속에서는 전자의 평균속도는 제로이나 평균운동량은 제로가 안 된다. 상전도체에서는 바로 그렇기 때문에 모든 전자가 같은 방

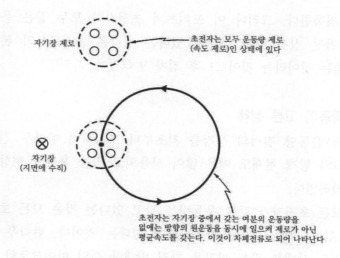

자기장 제로

초전자는 모두 운동량 제로
(속도 제로)인 상태에 있다

자기장
(지면에 수직)

초전자는 자기장 중에서 갖는 여분의 운동량을
없애는 방향의 원운동을 동시에 일으켜 제로가 아닌
평균속도를 갖는다. 이것이 차폐전류로 되어 나타난다

〈그림 5-20〉 자기장이 있을 때와 없을 때의 초전자

향으로 원운동을 하는 상태가 나타난다.

그런데 초전도 상태에서는 평균속도가 제로가 아니게 되며, 여분의 운동량을 없애버리고 평균운동량을 제로로 하고 있다는 것을 런던방정식은 나타내고 있다. 왜 이런 일이 가능할까? 여기서 프리츠는 **운동량의 질서**라는 생각을 제기하였다.

자기장이 없을 때 초전자의 평균속도가 제로로 되는 것은 초전자가 난잡한 운동을 하고 있기 때문이 아니고 모든 초전자가 똑같이 운동량 제로를 갖는 상태에 있기 때문이다. 그리고 이 상태는 자기장을 가해도 변하지 않는다. 따라서 운동량 제로의 상태를 유지해야 하는 초전자가 일제히 같은 속도를 갖고 흐르기 시작한다는 것이 운동량 질서의 생각이다.

이 생각은 확실히 어떤 운동량의 양자준위를 반대 방향의 스핀을 가진 전자 2개밖에 차지할 수 없다는 파울리의 배타원리에 저촉한다. 그러나 이 프리츠의 초전자가 모두 같은 운동량을 가진 질서 있는 상태에 있다는 생각은 초전도성의 본질을 꿰뚫는 것이라는 것이 그 후 점차 밝혀졌다.

파동이 고른 상태

이 운동량 질서의 생각을 최초부터 도입하여 란다우 긴츠부르크와 함께 현재도 매우 많이 사용되고 있는 훌륭한 현상론을 전개하였다.

모든 초전자가 같은 운동량을 갖고 있다는 것은 모든 초전자가 같은 파장을 가진 파동상태에 있다는 것이다. 란다우 등은 초전도 상태를 같은 파장을 가진 방대한 수의 마이크로한 초전자의 파동이 고른 매크로한 파동으로 나타내는 것으로부터 출발하였다. 여기서 중요한 것은 **파동이 고르다는 것**이다.

파동은 주기적으로 변화하는 현상이므로 보통 어떤 주기로 본래의 값으로 변하는 주기함수로 나타낼 수 있다. 중심이 x=0, y=0에 있는 반경 f인 원의 중심과 원주 위의 점을 연결하는 선이 x축과 이루는 각도를 θ라고 하자. 이 원주 위의 점이 일정한 속도를 갖고 원주 위를 빙빙 돌고 있다면 각도가 360° 바뀔 때마다 점은 본래의 위치로 주기적으로 되돌아온다. 이 사이 점의 y축 위의 위치는 최대 f(θ=90°)로부터 최소 −f(θ=270°) 사이를 주기적으로 왕복한다.

이 y축 위에 있는 점의 상하운동을 일정속도 v으로 x축 방향으로 움직이고 있는 기록지 위에 기록하면 속도 v, 진폭 f로 x방향으로 전파하고 있는 파동을 그릴 수 있다.

이 파동이 어떤 위치 x에서 산의 위치(진폭 f)에 있는지, 골

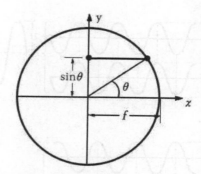

〈그림 5-21〉 원주상 점의 y축상의 위치를 나타내는 함수는 정현함수 sinθ

짜기인 위치(진폭 -f)에 있는지, 또는 그 중간 어딘가에 있는지
는 각도 θ로 정해진다. 이 각도 θ를 주기적으로 변화하는 파
동의 **위상**이라고 부른다. 파동은 위치 x가 파장 λ만큼 변화할
때마다 본래의 위치로 되돌아간다. 사이 위상 θ는 360°=2π만
큼 변하지 않으면 안 된다. 이것을 나타내기 위해서는 위상 θ
를 $2\pi \times (x/\lambda)$로 놓으면 된다. x/λ는 x가 λ만큼 변화할 때마
다 $x/\lambda = \pm 1$, ± 2, $\pm 3 \cdots$의 정수값을 취하기 때문이다.

　지금 예를 든 원주상 점의 y축상의 위치의 주기적 변화를 나
타내는 함수는 초등삼각법에 나오는 정현(正弦)함수 sinθ라는
점을 상기하는 독자들도 있을 것이다. 정현함수로 나타내는 파
동을 정현파라고 부르나, 파동은 보통 훨씬 복잡한 형태를 지
니고 있다. 단지 이것은 1주기 중의 진폭의 변화가 복잡할 뿐
위상이 2π 변할 때마다 같은 패턴으로 되돌아온다는 것에는
변함이 없다.

　이야기를 처음으로 되돌리면 같은 파동이 고르다고 하는 것
은 파동이 **같은 위상**을 갖고 있다는 것이다. 같은 위상을 가진

130

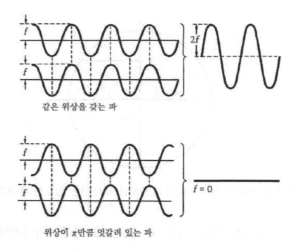

같은 위상을 갖는 파

위상이 π만큼 엇갈려 있는 파

〈그림 5-22〉 같은 진폭 f를 가진 2개파의 중첩

2개의 파동을 겹친 파동의 산과 산, 골짜기와 골짜기가 들어맞고, 같은 진폭 f를 갖고 있다면 진폭이 2f의 파동이 된다. 이것에 대해 위상이 π(반파장)만큼 다른 파동을 겹치면 산과 골짜기가 겹치므로 진폭은 f+(-f)=0가 되어 파동성을 잃어버린다.

그런데 파동은 어디서부터 어떤 위상을 갖고 출발한 것인가를 알 수 없는 애매함이 있다. 최초의 위상을 알지 못하는 2개의 파동은 서로의 위상 관계가 어떻게 되어 있는지 전혀 알 수 없기 때문에 겹쳐도 의미가 없다. 수많은 주자가 제멋대로 아무 곳에서나 출발한 경주에서 누가 선두인가 꼴찌인가를 전혀 알 수 없는 것과 같다. 이와 같은 파동을 **서로 간섭하지 않는 파동**이라고 한다.

방대한 수의 자유전자로 된 금속 전자계에 매크로한 크기로 직접 파동성이 나타나지 않는 것은 독립된 전자파가 서로 간섭하여 일치하지 않기 때문이다. 긴츠부르크와 란다우는 초전자는 **모두 같은 위상**을 갖고 하나의 운동량 상태로 응축되어 있다고 생각하였다.

질서파라미터

위상이 고른 초전자파는 잘 겹쳐져서 매크로한 파동상태를 만들어 낸다. 긴츠부르크와 란다우(이하 GL로 약기)는 이 상태를 나타내는 함수를 운동량 질서의 뜻을 포함하여 **질서파라미터**(Parameter)라고 불렀다. 그리고 파동적 성격을 지니게 하기 위해 질서파라미터를 어떤 진폭 f를 갖고 위상 θ의 변화로 주기적으로 변화하는 주기함수로 나타냈다. 보통 파동의 강도는 진폭의 제곱으로 주어진다. GL은 이 파동의 강도에 해당하는 질서파라미터의 진폭의 제곱 f^2은 초전자 밀도 n_s(단위 체적당의 초전자수)가 된다.

질서파라미터=진폭 f×위상 θ의 주기함수

f^2=초전자 밀도 n_s

GL은 먼저 자기장이 제로일 때의 초전도 상태와 상전도 상태의 에너지차(초전도 응축에너지)를 초전자 밀도, 즉 질서파라미터에서의 진폭의 제곱 f^2이 충분히 작은 임계온도에 극히 가까울 때에 한해 f^2의 멱급수로 나타내고 초전도 상태의 에너지가 최소로 되는 조건으로부터 멱급수의 계수를 결정했다. 여기까지는 별로 대수로운 점은 없다.

GL이 진면목을 발휘한 것은 자기장을 가할 때의 **효과**를 고찰한 일이다.

질서파라미터가 변화한다

자기장이 제로인 때는 질서파라미터는 초전도체 전체에 걸쳐 균일한 값을 갖는다. 그러나 자기장이 가해지면 질서파라미터는 공간적으로 변화하고, 장소에 따라 변화한 값을 가질 수 있다는 것이 GL 이론의 핵심이다.

x방향으로 파장 λ를 갖고 전파하고 있는 파동의 위상 θ는 $=2\pi \times (x/\lambda)+\theta_0$로 나타낼 수 있다는 것을 앞에서 설명하였다. 여기서 θ_0는 파동이 최초에 가지고 있던 위상으로서 값은 알 수 없으나 위치 x에는 좌우되지 않는 상수이다. 지금 초전자의 운동량을 p_s라고 하면 드브로이 파장 λ는 $\lambda=h/p_s$이므로 위상을 $\theta=2\pi \times (p_s \times x)/h+\theta_0$로 나타낼 수 있다. θ_0는 일정하므로 위치 x가 x'로 변화하였을 때의 위상을 θ'라고 하면 위상 변화의 비율은

$$\frac{\theta' - \theta}{x' - x} = p_s \left(\frac{2\pi}{h} \right)$$

로 된다. 즉 초전자의 운동량은 위상 변화의 비율에 비례한다.

$\frac{2\pi}{h} \times$초전자의 운동량 p_s=위상 θ의 운동 방향 변화의 비율

자기장이 제로일 때는 모든 초전자는 운동량 p_s=0의 상태로 응축하여 있다. 이 상태에서 질서파라미터의 위상이 균일하다는 것은 모든 초전자파가 위치에 좌우되지 않는 같은 위상 θ= θ_0를 갖고 있다는 것을 나타내고 있다. 자기장이 가해지면 앞에서 설명한 것과 같이 초전자의 운동량의 속도에 비례하는 항 이외에 자기장에 의존하는 항이 추가된다. 이 경우도 만일 위상이 공간적으로 변화하지 않고 불균일성을 유지한다면 자기장

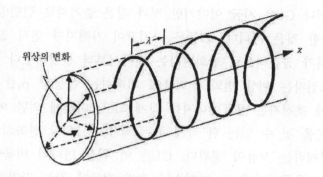

질서파라미터의 진폭이 일정하고 위상이 x방향으로 변화하고 있는 상태는 x방향을 축으로 하고 파장 λ와 같은 피치를 갖는 나선으로 나타낼 수 있다. 이것은 초전자 전체가 x방향으로 전파하고 있는 상태에 해당한다

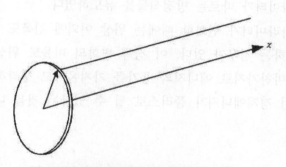

진폭도 위상도 같은 전초전자가 정지(운동량 제로)하고 있어 파로서 전파하고 있지 않다(파장은 무한대)

⟨그림 5-23⟩ 초전자의 운동량은 위상 변화의 비율에 비례한다

속에서의 운동량이 제로라는 것을 나타내는 런던의 식이 얻어진다. 즉 마이스너 효과는 자기장 속에서도 **질서파라미터의 위상이 초전도체 전체에 걸쳐 같은 값을 유지하려 한다**는 것을 나타내는 것이라고 GL은 지적하였다.

그러나 GL은 지금 이야기한 것과 같은 줄거리로 런던방정식을 구한 것은 아니다. 그들은 자기장이 가해지면 먼저 질서파라미터가 공간적으로 변화한다는 것에서부터 출발하였다. 그러면 초전자는 위상 변화의 비율에 비례하는 운동량 p_s를 갖기 때문에 초전자는 운동에너지를 갖게 되고, 이것에 의한 에너지 증가분을 될 수 있는 한 작게 하는 작용, 즉 위상 변화의 비율을 억제하는 작용이 생긴다. GL은 이 위상 변화의 비율에 의존하는 운동에너지 및 마이스너 효과 때문에 갖는 자기에너지의 합으로 나타낼 수 있는 초전도 상태의 에너지가 자기장에 대해 최소가 되는 조건으로부터 런던방정식에 해당하는 식과 질서파라미터가 따르는 방정식들을 유도하였다.

질서파라미터가 변화할 때에는 위상 이외에 진폭도 공간적으로 변화하는 경우가 있다. 이 진폭 변화의 비율도 위상 변화의 비율과 마찬가지로 에너지의 증가를 가져온다고 생각하면 중간상태에서 경계에너지가 플러스로 될 수 있다는 것을 나타낼 수 있다.

코히어런스길이

중간상태에서의 N상(상전도상)에서는 초전자는 존재하지 않기 때문에 S상(초전도상)과의 경계에서는 초전자 밀도 n_s는 제로로 되어 있지 않으면 안 된다. 런던 이론에서는 초전자 밀도는 균일한 값을 갖는다고 생각하고 있으므로 n_s는 S상 내의 값으로부터 경계에서 불연속적으로 제로로 변하고 있다는 것이 된다. 이것은 아무래도 부자연하며 오히려 n_s가 S상 내로부터 경계쪽으로 향하여 연속적으로 제로로 향하는 것이 자연스럽지 않

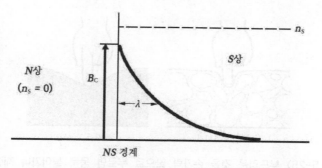

<그림 5-24> 런던 이론에서는 초전자 밀도 n_s는 경계까지 일정값을 가지며 임계 자기장 B_c의 크기를 갖는 자기장이 침입깊이 λ만큼 침입하고 있다

을까 하고 GL은 생각하였다. 이것을 구체적으로 나타낸 것이 질서파라미터 중의 진폭 변화의 비율의 제곱에 비례하는 에너지증가이다.

GL 이론에서는 초전자 밀도 n_s는 질서파라미터의 진폭의 제곱에 해당하므로 진폭 변화에 수반되는 여분의 에너지를 가능한 한 작게 억제하기 위해서는 초전자 밀도가 가능한 한 변화의 비율이 작도록 온화하게 변화하는 편이 좋다.

스펀지와 같이 부드러운 것을 손가락 끝으로 누르면 누른 곳만이 오목하게 된다. 고무판은 이 움푹한 곳이 주변으로 퍼진다. 단단한 고무일수록 이 움푹한 곳의 퍼짐이 크다. 이것은 일반적으로 물체의 어떤 부분을 일그러뜨리면 이 스트레인을 없애려고 하는 탄력에 의해 탄성에너지가 생겨, 단단하고 탄력이 강한 것일수록 스트레인을 주변에 퍼뜨림으로써 에너지를 작게 할 수 있기 때문이다.

앞 절에서 설명한 것과 같이 마이스너 효과는 위상이 균일성

136

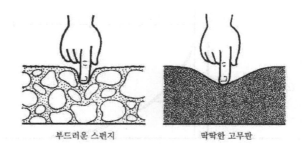

부드러운 스펀지　　　　　딱딱한 고무판

〈그림 5-25〉 부드러운 것을 손가락 끝으로 누르면 움푹 들어가나 재질의 연
　　　　　성에 따라 움푹 들어가는 모양이 다르다

을 유지하려는 작용의 발현이라고 볼 수 있다. 진폭도 똑같이
변화를 싫어한다. 이것은 질서파라미터의 '스트레인'에 대한
'탄성'에 비유할 수 있다.

　이 경우 S상과 접하고 있는 N상이 큰 '스트레인'을 주고 있
다. 그리고 이 '스트레인'은 초전도 상태의 '탄성'이 강할수록
S상 내의 장거리에 걸쳐 퍼져있다. GL은 이 '스트레인'이 미치
고 있는 고유거리 ξ를 **코히어런스길이**(간섭성을 유지하는 길이)라
고 불렀다.

　GL은 GL 이론으로부터 유도된 질서파라미터의 방정식을 사
용하여 코히어런스길이 ξ가 임계자기장 B_c와 침입깊이 λ, 그
리고 초전자 전하 q에 반비례한다는 것을 지적하였다. 침입깊
이는 물질에 따라 별로 변하지 않으며 1억 분의 1m(10^{-8}m) 정
도이나, 임계자기장은 임계온도 T_c에 비례하므로 T_c가 낮은
것일수록 코히어런스길이가 길다. 예를 들어 T_c가 약 2K인
알루미늄에서는 충분히 낮은 온도에서 ξ는 약 1000만 분의
1m(10^{-7}m)로 침입깊이 λ보다 1단위가 크며, T_c가 약 9K인

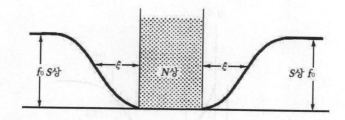

〈그림 5-26〉 SN경계에서 질서 파라미터의 진폭 f는 제로로 되어 있다. 이
진폭의 「스트레인」은 코히어런스길이 ξ에 걸쳐 일정한 값 f_0로
회복한다

나이오븀(Nb)에서는 λ와 같은 정도의 크기를 갖는다.

앞에서 설명한 것과 같이 중간상태에서는 N상을 임계자기장 B_c와 같은 자기장이 관통하고 있다. 이 자기장이 S상에 침입깊이 λ만큼 침입하여 $B_c{}^2$에 비례하는 자기에너지를 낮추고 있다. 한편 질서파라미터의 진폭이 진폭 제로인 경계로부터 상상 내에서의 균일한 값으로 회복하기 위해서는 코히어런스길이 ξ 정도의 거리가 필요하다는 것은, 경계로부터 약 ξ 범위의 S상의 초전자 밀도가 거의 제로로 그 몫만큼 초전자 응축에너지를 상실하고 있다는 것을 의미한다. 앞에서 본 것과 같이 응축에너지는 임계자기장 때의 자기에너지와 같다. 따라서 만일 코히어런스길이가 침입깊이 λ보다 크다면 응축에너지를 상실함에 의한 에너지 증가분이 자기장 침입에 의한 자기에너지의 감소보다 크게 되어 경계 영역은 플러스의 에너지를 갖게 된다.

GL은 새롭게 침입깊이 λ와 코히어런스길이 ξ의 비로써 나타내는 **GL파라미터** $\kappa = \lambda / \xi$를 도입하여 κ가 $1/\sqrt{2}$보다 작은 때 $(\kappa < 1/\sqrt{2})$에는 경계에너지가 플러스로 되며 $1/\sqrt{2}$보다 클 때

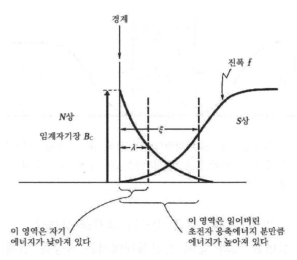

경계

진폭 f

N상
임계자기장 B_C

ξ

λ

S상

이 영역은 자기
에너지가 낮아져 있다

이 영역은 잃어버린
초전자 응축에너지 분만큼
에너지가 높아져 있다

〈그림 5-27〉 중간상태에서는 경계로부터 대개 코히어런스길이 ξ 범위의 S상
의 초전자 밀도는 거의 제로로 2분만큼 초전자 응축에너지를
잃어버리고 있다

$(\kappa/1)$에는 마이너스가 된다는 것을 지적하였다.

납이나 주석과 같은 대표적 초전도체의 κ는 모두 $1/\sqrt{2}$보다
작기 때문에 플러스의 경계에너지를 갖는다. 따라서 중간상태
의 안정성이 보증된다는 것이 밝혀진 것이다.

코히어런스길이는 불순물로 변한다

GL 이론이 발표된 것과 같은 1950년에 영국의 B. 피파드가
전혀 다른 접근법으로부터 독립적으로 코히어런스길이의 개념
을 도입하였다. 피파드는 침입깊이를 처음으로 측정한 쉔베르
그 문하의 우수한 실험 물리학자로 전시 중에 발달한 마이크로
파 기술을 구사하여 매우 정밀하게 침입깊이를 측정하는 방법

을 확립하고 각종 초전도체의 침입깊이를 자세히 조사하고 있었다. 피파드가 특히 주목한 것은 주석에 인듐(In)을 불순물로 첨가하여 가면 임계온도 T_c가 거의 변화하지 않음에도 불구하고, 인듐이 어떤 농도 이상이 되면 침입깊이가 갑자기 커지기 시작한다. 런던이 구한 침입깊이를 나타내는 식에서 물질에 따라 변화하는 것은 초전자 밀도 n_s와 초전자 질량 m_s이다. 질량은 불순물 첨가로 변할 리가 없으며 초전자 밀도도 임계온도가 변하지 않는다면 일정 온도에서 거의 변하지 않는다. 그럼에도 불구하고 침입깊이가 인듐 농도에 따라, 그것도 어떤 농도 이상에서 갑자기 커지는 것은 무슨 이유일까?

피파드는 날카로운 직감력으로, 이것은 초전자가 어떤 거리에 걸쳐 서로 간섭하고 있으며 이 거리가 불순물의 영향을 받기 때문이라고 생각했다. 피파드도 이 거리 ξ를 코히어런스길이라고 불렀다.

자기장은 초전도체 표면으로부터 침입깊이 λ 정도에서 급속히 제로가 된다. 지금 코히어런스길이 ξ가 λ보다 아주 작다면 초전자는 급변하고 있는 자기장의 초전자 위치에 있는 값밖에 느끼지 못한다. 런던방정식은 암암리에 이것을 가정하여 유도하고 있다. 그러나 반대로 ξ가 λ보다 훨씬 크면 서로 간섭하고 있는 초전자는 다른 자기장을 느끼기 때문에 사정이 복잡하여진다. 피파드는 이것을 고려하여 교묘하게 런던방정식을 수정하였다.

수정된 런던방정식으로부터 구한 침입깊이 λ는 코히어런스길이를 포함하고 있다. 피파드는 코히어런스길이 ξ가, 불순물을 첨가하여 가면 순수할 때의 값 ξ_0보다 작아진다고 하면 침입깊

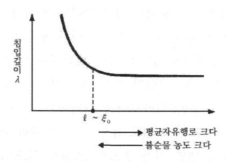

<그림 5-28> 침입깊이는 불순물 농도와 함께 변화한다

이가 불순물의 농도와 더불어 변화하여 가는 양상을 설명할 수
있다는 것을 지적하였다.

불순물이 첨가되면 상전자의 평균자유행로가 작아진다. 앞에
서 설명한 것과 같이 상전자는 불순물과 충돌하면 자신이 어떤
운동상태에 있었는가를 잊어버린다.

불순물 농도가 증가하여 평균자유행로 ℓ 이 짧아지면 이상전
자의 기억상실증이 깊어져 초전자의 간섭성을 방해하기 시작하
여 코히어런스길이가 짧아지게 된다고 피파드는 생각하였다.
그리고 특히 평균자유행로 ℓ 이 불순물이 없을 때의 코히어런
스길이 ξ_0와 거의 같아지게 되면 간섭성이 침범되는 비율이 두
드러지고, 더욱 불순물 농도를 증가시키면 코히어런스길이가
거의 평균자유행로와 같아지게 된다고 하면 실험 결과가 잘 설
명될 수 있다는 것을 피파드는 지적하였다.

런던방정식으로부터 구해지는 침입깊이 λ_L은 런던 침입깊이
이다. 코히어런스길이를 고려하여 수정한 방정식으로부터 구해
지는 침입깊이 λ는 평균자유행로 ℓ 이 ξ_0보다 아주 짧은 극한
에서는 $\lambda \approx \lambda_L \times \sqrt{\xi_0/\ell}$ 에 따라 ℓ 의 제곱근에 반비례하여 변화

하기 때문에 거의 불순물 농도의 제곱근에 비례하여 증가한다.

피파드가 도입한 코히어런스길이는, 미묘한 차이는 있으나 본질적으로는 GL의 코히어런스길이와 같다. 코히어런스길이는 침입깊이와 달리 현상론에서는 매우 알기 어려운 양으로 완전히 이해하기 위해서는 마이크로 이론이 필요하다. 후에 바딘 등에 의해 확립된 마이크로 이론은 GL과 피파드의 통찰이 얼마나 표적을 잘 맞추고 있었는가를 맹백하게 보여주었다.

새로운 타입의 초전도

불순물 농도가 증가하면 침입깊이 λ가 커지고 코히어런스길이 ξ는 작아진다. 이 때문에 순수할 때에는 GL파라미터 $\kappa=\lambda/\xi$가 작고, 경계에너지가 플러스였던 초전도체에서도 불순물이 존재하게 되면 κ가 $1/\sqrt{2}$보다 커져서 경계에너지가 마이너스로 전환될 수 있다. 이 경우 프리츠 런던이 생각한 것과 같이 자기장이 무한히 얇은 판자상태를 관통하여 마이너스 상태가 불안정하게 될 가능성이 생긴다.

1937년, 납에 인듐을 첨가한 합금 초전도체에 자기장이 임계자기장보다 낮은 자기장으로부터 처음에는 급격히 후에는 조금씩 천천히 침입하여 임계자기장보다 높은 자기장으로 연속적으로 상전도 상태로 옮겨진다는 것을 러시아(구소련)의 슈브니코프가 발견하였다. 슈브니코프가 사용한 시료는 가늘고 긴 막대모양의 시료이다. 이와 같은 형상의 시료에서는 표면의 자기장 분포는 균일성을 유지하기 때문에 중간상태는 나타나지 않을 것이다. 설사 나타난다 하여도 중간상태의 이론으로는 설명할 수 없는 기묘한 결과이다.

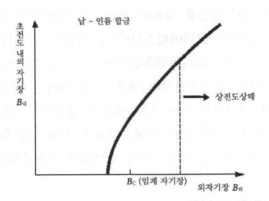

〈그림 5-29〉 납-인듐 합금 초전도체에, 자기장이 처음에는 급히 나
중에는 천천히 침입하여 임계자기장 B_c보다 높은 자기장
에서 연속적으로 상전도 상태로 이동한다

결과는 당시에는 거의 주목을 받지 못했다. 그 이유 중 하나
는 마이스너 효과의 발견은 충분히 균질하고 순수한 시료를 사
용하였기 때문이라는 사실이 많은 전문가의 머릿속에 박혀 있
었기 때문이다. 앞에서 설명한 것과 같이 마이스너 효과의 발
견이 늦어진 것은 결함이 많은 시료를 사용하였기 때문이다.
이런 일로부터 묘한 자기적 움직임을 결함 탓으로 돌리는 풍조
가 있었다.

그러나 결함이 많은 시료는 자기장을 높여 일단 상전도 상태
로 한 후에 내리면 '3. 혼미의 시대-마이스너 효과의 의의'에서
설명한 것과 같이 결함 주위에 영구전류가 유도되어 관통하고
있는 자속을 변화시키지 않으려고 한다. 때문에 자기장을 높여
갈 때와 내려갈 때의 자화의 변화가 달라진다. 슈브니코프의
시료는 합금이었으나 자기장의 오르내림으로는 거의 자화의 변
화가 없는 결함이 적은 균질한 단결정이었다.

보통의 논문이라면 풍화(風化)하기 시작하는 20년 후인 1957
년에 슈브니코프의 결과에 주목한 사람은 란다우의 제자 아브
리코조프(Abricosov)이다. 아브리코조프는 GL 이론을 구사하여
경계에너지가 마이너스인 경우 자기장이 임계자기장보다 낮은
자기장으로부터 두께가 없는 자속선의 모양으로 침입하여, 지금
까지 생각할 수 없었던 자기적 움직임을 나타낸다는 새로운 타
입의 초전도체의 존재를 예언하고, 슈브니코프가 사용한 합금시
료가 바로 새로운 타입에 속한다는 것을 지적하였다. 이 새로운
타입의 초전도체는 **제2종 초전도체**라고 불려 응용의 시대에 중
심적 역할을 수행하게 되었다. 그러나 불행히도 슈브니코프는
전쟁에 희생되어 발견자로서의 영예를 누리지 못하였다.

실은 GL 이론 자체도 1950년 당시의 '냉전'의 영향도 있어
최초에는 정당한 평가를 받지 못하였다는 역사가 있다. 아브리
코조프의 논문도 그랬다. 아브리코조프의 논문도, 그 기초가 되
었던 GL 이론도 정당한 평가를 받은 것은 아브리코조프의 논
문이 발표된 것과 같은 해에 발표된 바딘 등의 초전도의 마이
크로 이론 이후의 일이다.

바딘 등의 마이크로 이론의 등장으로 오랫동안 계속된 모색
의 시대는 막을 내렸다. 모색의 시대는 사람들이 상상력을 발
휘하여 초전도 상태를 그려내려고 한 낭만의 시대였다고 말할
수 있다. 특히 런던 형제와 GL이 그려낸 초전도의 모습은 상
상력이 풍부하고 아름답다. 바딘 등의 이론에서 이 모습이 거
짓의 것이 아니고 진실의 모습이라는 것이 지적되어 새삼 그들
의 직감력과 통찰력의 깊이를 돋보이게 하였다.

6. BCS 이론의 등장

전자는 서로 끌어당긴다

상전도 상태의 기본적 성질은 상호작용이 무시될 수 있는 자유전자 모델로 이해할 수 있다는 것을 앞에서 설명하였다. 이 전자기체는 페르미 통계에 따라 수만 K의 초고온에 해당하는 페르미 에너지 정도의 평균 운동에너지를 가지고 돌아다니고 있다. 상당히 큰 전자 간 상호작용이 없는 한 큰 운동에너지를 갖는 상태를 변화시킬 수 없다는 것이 자유전자 모델을 잘 성립시키고 있다.

말할 것도 없이 이것으로는 상전도 상태로부터 보다 에너지가 낮은 초전도 상태로의 전이는 설명할 수 없다. 보다 낮은 에너지를 갖게 하는 것은 전자 간의 상호작용 이외에는 생각할 수 없기 때문이다. 대전하여 있는 전자 간에는 분명히 쿨롱 힘이 작용하고 있다. 그러나 같은 부호의 전하를 갖는 전자 간에 작용하는 쿨롱 힘은 전자계의 에너지를 높이는 반발력이다. 보다 낮은 에너지를 갖는 상태가 만들어지기 위해서는 마이너스의 상호작용을 주는 인력이 전자 간에 작용하지 않으면 안된다. 이 전자가 서로 끌어당기는 메커니즘을 찾아내는 것이 마이크로 이론이 직면한 제1의 난관이었다.

전자 간의 평균거리에 반비례하는 플러스의 쿨롱 상호작용의 크기는 쉽게 추정할 수 있다. 실제로 추정하여 보면 무시할 수 있을 정도가 아니고 페르미 에너지와 같은 정도의 큰 값이 얻어진다.

BCS 이론의 성공에 따라 1972년 노벨상을 수상한 바딘(왼), 쿠퍼(중앙), 슈리퍼(오른) (사진: 노벨재단)

　이것을 실제로는 무시할 수 있을 정도로 작게 하고 있는 것은 자유전자를 제공하기 때문에 생긴 차이로 플러스로 대전한 원자(**양이온**)에 의한 차폐작용이다. 전자는 쿨롱 반발력 때문에 서로 멀리 떨어짐으로써 상호작용을 작게 하려고 한다. 이 때문에 어떤 장소에서의 전자밀도가 작아지면 격자점에 붙잡혀 있는 이온은 움직이지 않기 때문에, 플러스로 대전한 영역이 생겨 쿨롱 힘에 의해 멀리 떨어져 나가는 전자를 제자리로 되돌리는 작용이 생긴다. 멀어지려고 하던 전자가 결국은 멀어지지 않는다는 것은 이 작용에 의해 전자 간의 쿨롱 반발력이 무시할 수 있을 정도까지 약해진다는 것을 의미하고 있다.

　그런데 양이온은 정지하여 있는 것은 아니고 격자점 근처에서 진동하고 있다. 이 진동하는 양이온과의 상호작용으로 자유전자가 운동상태를 바꾸는 것이 전기저항이 생기는 원인이라는 것을 앞에서 설명하였다. 이 양이온의 격자진동과 전자의 상호작용의 고찰로부터 양이온이 전자를 되돌려 놓는 것과는 반대로, 전자가 양이온을 끌어당겨 플러스로 대전한 영역을 만들어 낼 수 있다는 것을 지적한 사람이 영국의 프레리히(Frohlich)이다. 플러스로 대전한 영역이 생기면 그곳에 다른 전자가 끌어 당겨진다. 이 작용을 통해 전자 간에 인력이 생긴다는 것을 프 레리히는 지적하였다.

프레리히 상호작용

결정격자점 위에 균일한 밀도로 규칙적으로 배열되어 있는 양이온을 평판에다 비유하고, 그 위를 자유전자가 자유롭게 움 직이고 있다고 생각하자. 실제로는 이온은 격자진동을 하고 있 기 때문에 이온밀도는 일정하지 않고 순간적으로 보면 난잡한 요철 모양을 하고 있다. 4장에서 설명한 것과 같이 전자가 이 불규칙한 요철과 충돌함으로써 전기저항이 생긴다.

절대영도에서는 이 요철의 불규칙성이 없어진다. 그러나 이 온은 조금은 움직일 수 있기 때문에 이온의 평판은 딱딱한 것 이 아니고 스프링이 들어가 있는 이불처럼 다소 쿨렁쿨렁하 다. 스프링이 들어있는 이불 위에 구슬을 굴리면 구슬은 골 (Trough)을 남기면서 굴러간다. 이 골이 만드는 항적(航跡) 근처 에 다른 구슬이 있으면 끌려지듯이 골로 굴러떨어진다. 마찬가 지로 전자가 이온을 끌어당겨 플러스에 대전한 항적을 남기면 서 달려 가면 다른 전자가 항적에 끌리는 효과가 생긴다. 이 효과를 통해 두 전자 간에는 인력이 생긴다.

실제로 문제는 그렇게 간단하지는 않다. 쇳가루를 뿌린 평판 위에 자석을 놓으면 쇳가루는 자석에 끌린다. 이것은 쇳가루는 자석보다 훨씬 가볍기 때문이다. 그런데 전자는 이온보다 훨씬 가볍고 무게는 2,000분의 1에도 미치지 못한다. 따라서 자석이 쇳가루를 끌어당기면서 움직일 수는 있으나, 쇳가루가 자석을

148

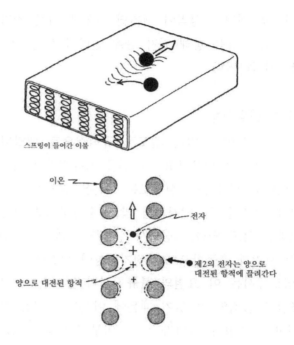

〈그림 6-1〉 스프링이 들어간 이불 위에 구슬을 굴리면 구슬은 골을 남기면
서 굴러간다. 이 골의 '항적'에 다른 구슬이 끌려간다. 똑같이,
전자가 이온을 끌어 양으로 대전한 항적을 남기면서 달리면 다른
전자가 이곳에 끌려 2개의 전자 사이에 인력이 생긴다

끌어당기면서 이동할 수 없는 것처럼 전자가 이온을 끌어당기
면서 달려간다는 것은 보통 생각할 수 없다. 그런데 이런 일이
일어날 수 있다는 것을 지적한 것이 프레리히의 공적이다.

  자석에 끌어당겨지는 쇳가루는 끌리는 과정에서 운동에너지
를 갖는다. 움직이지 않는 자석에는 그런 일이 일어나지 않는
다. 일반적으로 무거운 것과 가벼운 것이 서로 끌어당기면 가
벼운 쪽의 에너지가 크게 변한다. 전자와 이온이 서로 끌어당

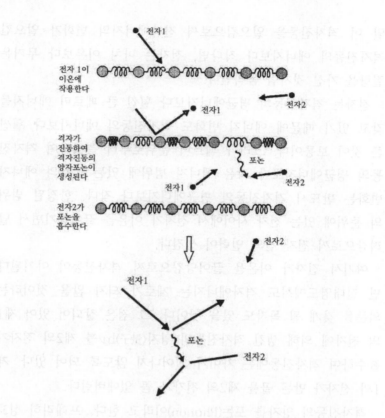

〈그림 6-2〉 절대영도에서는 제1의 전자에 의해 생긴 격자진동의 양자 포논
        을 제2의 전자가 흡수하여 빼낸 나머지 격자진동이 일어나지 않
        도록 한다

기면 보통 가벼운 전자의 에너지 쪽이 크게 변화하나 반대의
경우도 일어날 수 있다.

  이온이 조금이라도 움직이면 격자는 진동을 시작하여 진동에
너지를 갖는다. 4장에서 설명한 것과 같이 이 격자진동은 $h\nu$
를 단위로 하는 에너지를 갖는다. 여기서 ν는 진동수이다. 만

일 이 격자진동을 일으킴으로써 전자에너지의 변화가 일으킨 격자진동의 에너지보다 작다면, 전자는 마치 이온보다 무거운 질량을 가진 것처럼 움직인다.

전자는 격자진동의 평균에너지보다 훨씬 큰 페르미 에너지를 갖고 있기 때문에 에너지 변화도 격자진동의 에너지보다 훨씬 큰 것이 보통이다. 그러나 페르미 준위로부터 측정하여 격자진동의 평균에너지보다 작은 에너지 범위에 있는 전자의 에너지 변화는 반드시 격자진동의 평균에너지보다 작다. 한정된 범위의 준위에 있는 전자 사이에서 전자가 이온을 끌어당기면서 달려감으로써 전자 간의 인력이 생긴다.

여기서 전자가 이온을 끌어당김으로써 격자진동이 야기된다면 절대영도에서도 격자에너지는 제로가 되지 않을 것이라는 의문을 갖게 될 독자도 있을 것이다. 그 점은 잘되어 있어 제1의 전자에 의해 생긴 격자진동의 양자(量子)$h\nu$를 제2의 전자가 흡수하여 격자진동에는 차이가 일어나지 않도록 되어 있다. 제1의 전자가 만든 골을 제2의 전자가 곧 없애버린다.

격자진동의 양자를 **포논**(Phonon)이라고 한다. 프레리히 상호 작용은 전자가 포논을 주고받음으로써 생기는 상호 작용이다.

제2의 난관

프레리히의 논문이 발표된 1950년에 시간에 맞춰 **동위체효과**가 발견되었다. 동위체란 원자구조, 따라서 화학적 성질이 완전히 같고 질량 M만이 다른 원자를 말한다. 몇 개의 다른 납원자의 동위체로 만든 시료의 임계온도 T_c를 측정하면 T_c가 $\sqrt{1/M}$에 비례하며 조금씩 변화한다는 것이 발견되었다. 이 동위체효과는 주석에서도 발견되었다. 동위체의 전자상태는 완전히 같으며 원자를 격자점에 연결시키는 용수철 힘도 같다. 용수철상수가 같은 경우 진동수는 $\sqrt{1/M}$에 비례하여 변화한다. 임계온도가 똑같이 $\sqrt{1/M}$에 비례하여 변화한다는 것은 격자진동이 초전도를 일으키는 데에 어떤 역할을 하고 있다는 것을 의미하고 있다.

이것을 일찍 주목한 사람이 J. 바딘(Bardeen)이다. 바딘은 이미 W. 쇼클리(Shockly) 및 W. 브래튼(Brattain)과 협력하여 발명한 트랜지스터로 명성을 떨치고 있었다. 또한 그는 매우 온후하고 성실한 학구파였다. 트랜지스터의 연구를 끝낸 바딘은 벨연구소에서 일리노이대학으로 옮겨 기초연구에 몰두하고 있었다.

바딘은 당시 전자와 포논의 상호작용에 흥미를 갖고 있었기 때문에 곧 프레리히의 연구의 중요성을 인식하였다. 당시 프레리히와 함께 끝없이 긴 이야기를 나누고 있던 광경이 생각난다고 술회하고 있는 수제자가 있다.

프레리히에 의해 전자 간에 인력이 생길 수 있다는 것이 밝혀진 것은 큰 전진이다. 그러나 이후에도 더 큰 난관이 기다리고 있었다.

자유전자가 독립적으로 개개의 에너지를 갖고 돌아다니고 있다는 문제는 아무리 전자의 수가 방대해도 쉽게 풀 수가 있다. 모든 전자는 똑같이 움직이기 때문에 1개의 전자의 움직임을 알면 모든 것이 해결되기 때문이다. 그러나 전자 간에 상호작용이 있으면 1개의 전자가 다른 약 100억조 개나 되는 전자와 어떤 관계를 갖고 있는가를 알아야 할 필요가 생기게 된다. 이 문제를 정밀하게 푼다는 것은 불가능하다. 이것이 문제가 아니다. 단지 3개의 물체가 상호작용을 하고 있는 문제도 정밀하게 풀 수는 없다. 태양 주위를 지구가 어떻게 돌고 있는가 하는 문제는 풀 수 있으나 그 사이에 달이 끼어들면 손을 들 수밖에 없다.

그러나 옛 천문학자는 달의 영향이 충분히 작다면 지구의 운동이 어떻게 수정되는가를 정밀하게 알 수 있는 교묘한 계산법을 생각해 냈다. 초전도는 극저온에서 일어나는 현상이므로 인력을 주는 상호작용은 초고온에 해당하는 자유전자의 큰 운동에너지에 비하면 매우 작다. 따라서 천문학자가 생각해 낸 근사법의 정밀도를 차츰 높여 나가면 어떻게 되지 않을까?

답은 노(No)이다. 아무리 정밀도를 높여도 이 근사법으로는 초전도라는 전혀 이질적인 상태를 유도한다는 것은 원리적으로 불가능하다는 것을 오스트레일리아의 학자 샤프로스(Schafroth)가 증명하여, 정공법으로는 초전도의 아성을 공략한다는 것은 불가능하다는 것을 분명히 하였다. 전자 간에 인력이 존재할 수 있다는 것이 분명해졌음에도 불구하고 초전도의 수수께끼를 푸는 실마리가 얻어지지 못하고 미궁에 빠진 느낌마저 있었다.

전자분자

물론 이론가가 아무것도 하지 않고 수수방관하고 있는 것은 아니었다.

초전도 상태는 전혀 까닭을 알 수 없는 상태는 아니고, 전자가 운동량 제로의 상태로 응축하는 메커니즘을 알면 초전도를 설명할 수 있다는 것은 이미 런던이 지적하였다.

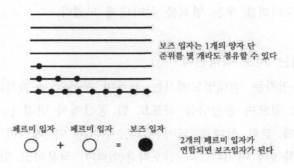

〈그림 6-3〉 페르미 입자(파울리 원리에 따름)와 보즈 입자

자세한 것은 생략하나 파울리 원리에 지배되고 있는 전자는 1개의 양자준위를 많이 차지할 수는 없으나 자연에는 파울리 원리의 제약을 받지 않는 입자가 존재한다. 이와 같은 입자를 **보즈**(Bose) **입자**라고 한다. ^{4}He원자가 그것이다. 액체 ^{4}He은 약 $2K$ 이하에서 점성이 완전히 없어져서 아무리 좁은 구멍이라도 통과하는 **초유동 상태**로 옮겨지나, 이 상태는 ^{4}He원자가 운동량 제로의 상태로 응축하고 있는 상태라는 것을 지적한 사람이 다름 아닌 프리츠 런던이다.

전자와 같이 파울리 원리에 따르는 입자를 **페르미 입자**라고 하는데, 일반적으로 2개의 페르미 입자가 합쳐지면 보즈 입자로 변한다. 따라서 만일 인력에 의해 2개의 전자가 결합한 '전자분자'를 만들 수 있다면 1개의 운동량 준위로 응축할 가능성이 생긴다.

앞에서 기술한 샤프로스 등은 이 가능성을 추구하였으나 문제가 매우 어려워서 충분한 성과를 얻지 못하고 있을 즈음에 바딘의 제자 L. 쿠퍼(Cooper)가 전혀 다른 접근법으로 초전도의 수수께끼를 푸는 열쇠를 찾아내게 되었다.

전자는 서로 속박한다

금속전자는 절대영도에서는 페르미 운동량 p_F까지의 준위를 메우고 있으며 운동량을 좌표로 한 공간에서 반경 p_F의 **페르미구** 속에 갇힌 상태로 되어 있다. 쿠퍼는 이 페르미구의 바로 바깥 쪽에서 마이너스의 상호작용(인력)이 작용하고 있는 2개의 전자를 첨가하였을 때 어떤 상태로 될 것인가 하는 문제를 생각하였다. 이 문제에서는 페르미구 내의 전자는 상태를 바꿀 수 없기 때문에, 대상이 되는 것은 첨가된 2개의 전자뿐이며 나머지 방대한 수의 전자는 첨가한 전자가 페르미구 내에 들어오지 않도록 하고 있을 뿐이다. 따라서 비교적 간단하게, 더구나 정확하게 풀 수 있는 문제이다.

첨가된 전자는 가능한 한 낮은 에너지를 취하도록 페르미 준위 바로 위의 운동량 p의 준위를 차지하나 쿠퍼는 2개의 전자는 p와 **크기가 같으며 반대 방향의 운동량** $-p$의 2개의 상태를 차지한다고 가정하였다. 이 가정이 중요한 결과를 낳게 되었다. 첨가된 전자 사이에 마이너스의 상호작용이 생기면 그 몫만큼 낮은 에너지를 취할 수 있으나 첨가된 전자는 페르미구 속으로 들어갈 수 없다. 여기서 2개의 전자는 멀지도 가깝지도 않은 상태를 만듦으로써 독립적으로 운동하고 있을 때보다 낮은 에너지를 갖는다. 쿠퍼는 이 전자가 서로 속박하는 상태는 인력이 아무리 작아도 만들어 낼 수 있다는 것을 지적하였다.

이것은 의외의 결과이다. 왜냐하면 전자가 인력으로 서로 결합하기 위해서는 보통 독립적으로 운동하고 있을 때의 에너지

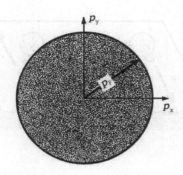

〈그림 6-4〉 페르미구(球). 운동량 p를 좌표로 한 공간에서는, 절대영도에서 전자는 반경이 페르미 운동량 p_F의 구를 채우고 있다

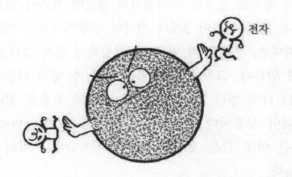

〈그림 6-5〉 페르미구에 전자는 들어가지 못한다

보다 큰 상호작용을 필요로 하기 때문이다. 그런데 전자는 인력을 무시할 수 있을 정도로 큰 페르미 에너지를 가지고 운동하고 있기 때문에 서로 속박한다는 것은 상식적으로는 생각할 수 없다.

의외의 결과를 자세히 설명한다는 것은 어려우나 대충 다음과 같은 일이 일어나고 있다. 전자 간에 작용하는 인력은 2개

156

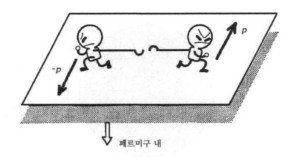

〈그림 6-6〉페르미구의 바로 바깥쪽에 있는 반대 방향의 운동량 p와 -p를
가진 전자 짝에 인력이 작용하면 서로 속박을 한다

의 전자가 충돌할 정도로 가까워지지 않으면 효과가 없는 성질
의 힘이다. 만일 인력이 2개의 전자의 운동에너지를 이겨낼 정
도로 강하다면, 충돌할 때 딱 맞게 결합하여 문자 그대로의 '전
자분자'를 만든다. 그러나 이런 일은 있을 수 없기 때문에 충돌
한 전자는 다시 멀리 떨어져 나간다. 1회의 충돌로 일이 끝나
버리는 것이 보통이다. 한 번의 만남에서 느끼는 마이너스의
상호작용은 아주 작은 것이기 때문에 전자상태는 거의 영향을
받지 않는다.

전자는 금속 속에 갇혀 있기 때문에 확률은 작지만 같은 전
자끼리 다시 충돌하는 수가 있다. 그러나 전자는 충돌을 일으
키면 충돌 전에 어떤 상태에 있었는가를 잊어버리므로 다시 충
돌을 일으켜도 충돌을 일으킨 상대였다는 것을 전혀 기억하지
못한다. 그런데 반대 방향의 운동량을 가진 전자 짝(組)에 한해
서만 상대를 기억하고 있는 것이 특이하다.

지금 운동량 p와 반대 방향의 운동량 -p를 가진 전자가 충
돌하였다고 하자. 이때 전자의 운동량이 변하나 총운동량은 보

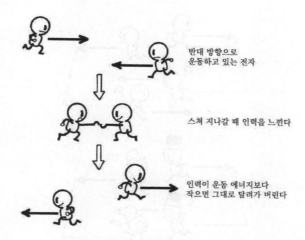

반대 방향으로
운동하고 있는 전자

스쳐 지나갈 때 인력을 느낀다

인력이 운동 에너지보다
작으면 그대로 달려가 버린다

〈그림 6-7〉 2개의 전자 사이에 작용하는 인력

존되지 않으면 안 된다는 자연의 법칙이 있으므로 충돌 과정에
서 운동량 p를 가지고 있던 전자의 운동량이 Δp만큼 변한다
면 -p의 전자 운동량은 -Δp만큼 변하지 않으면 안 된다. 따라
서 충돌 후의 2개 전자의 운동량은 p+Δp=p′, -p-Δp=-p′로
변한다.

즉, 반대 방향의 운동량을 가진 전자 짝은 충돌 후에도 크기
는 다르나 역시 반대 방향의 운동량을 계속하여 갖는다. 이 때
문에 다시 충돌할 때에 앞에서 가지고 있던 운동량은 잊어버렸
어도 상대의 운동량이 반대 방향이었다는 것을 기억하고 있기
때문에 몇 회라도 충돌의 효과가 가산되어 간다. 다만 한 번
충돌을 일으킨 전자가 다시 충돌할 확률은 작기 때문에 그 몫
만큼 효과는 작다. 그러나 점차 효과는 작아지더라도 무한 횟
수로 충돌을 되풀이하면 티끌 모아 태산이라는 식으로 커다란

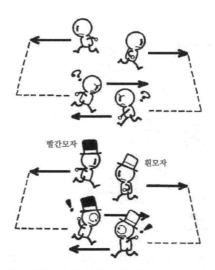

〈그림 6-8〉 전자는 충돌 전의 상태를 잃어버리거나 반대 방향의 운동량을 가
진 전자 짝에 한해 상대를 기억하고 있다

효과를 만들게 된다.

옷깃이 스치는 것도 전생의 인연이라고는 하지만, 다시 만날
때 서로의 얼굴을 완전히 잊어버리고 있으면 첫 번째의 만남과
같다. 그러나 만약 한쪽 사람이 항상 흰 모자, 다른 사람이 붉
은 모자를 쓰고 있다고 하면 얼굴 모습은 잊어버리고 있다고
하여도 전에 만난 사람인 것 같다고 느낀다. 그리고 몇 번이고
만나는 중에 서로 따로따로 살고 있어도 전혀 타인이라는 생각
이 들지 않게 된다. 반대 방향의 운동량을 가진 전자의 속박상
태도 이것과 비슷하여 몇 번이고 만난 효과로 꼭 맞게 결합은
하지 않으나 슬며시 결합되어 낮은 에너지를 만들어 내고 있다.

이 속박상태에 있는 전자 짝을 **쿠퍼쌍**이라고 한다. 쿠퍼쌍의
전자는 여전히 돌아다니고 있으나 서로 속박하고 있다는 것을

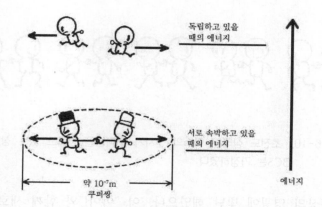

독립하고 있을
때의 에너지

서로 속박하고 있을
때의 에너지

약 10^{-7}m
쿠퍼쌍

에너지

〈그림 6-9〉 전자의 짝(쿠퍼쌍)은 10^{-7}m 크기의 범위에서 서로 속박하고 있다

반영하고 있어 어떤 크기의 범위 내에 들어 있다. 쿠퍼는 이 쿠퍼쌍의 크기를 나타내는 길이가 1000만 분의 1m(10^{-7}m) 정도 라는 것을 지적하였다. 이것은 GL과 피파드가 도입한 코히어런스길이와 거의 같다.

초전도의 견고한 비밀의 문에서 겨우 한 가닥의 불빛이 새어 나오기 시작하였다.

3인조 BCS의 등장

B는 바딘(Bardeen), C는 쿠퍼(Cooper), S는 바딘의 학생 슈리퍼(Schrieffer)의 이름의 머리글자이다. 쿠퍼는 자신의 계산 결과를 바딘에게 설명했을 때 그는 그저 "응응" 하면서 조용히 고개를 끄덕이고 있을 뿐이었으나 이야기가 끝나자 큰 소리로 "야아!" 하고 탄성을 질렀다고 말하고 있다. 때는 1956년, 바딘이 쇼클리, 브래튼과 함께 발견한 트랜지스터의 연구로 노벨

〈그림 6-10〉 초전도 상태는 다수의 전자가 쿠퍼쌍을 만들고 있는 상태라고
　　　　　　 BCS는 가정하였다

상 수상의 영광에 빛난 해였으나, 이 "야아!"와 함께 새로운 3
인조의 리더로서 두 번째의 노벨상 수상 대상이 된 초전도의
BCS 이론의 스타트를 끊었다.

　쿠퍼는 페르미구(球)의 바로 바깥쪽에 가해진 2개의 전자를
대상으로 하였으나 본래 절대영도에서는 페르미구 내에 채워진
방대한 수의 전자밖에 없다. 이 전자의 대부분은 파울리 원리
때문에 움직일 수 없는 상태에 있으나, 페르미 구면에서 매우
가까운 주위에 있는 전자는 인력의 상호작용을 느껴 상태를 변
화시킬 수 있다.

　다만 이와 같은 전자의 수는 전체 전자수에 비하면 적으나
많이 있기 때문에 단지 2개의 전자를 대상으로 한 쿠퍼의 문제
와는 달리 정공법으로는 풀리지 않는 문제이다.

　따라서 BCS는 정공법이 아닌 후면 공격 전법으로 바꿔 과감
하게, 인력을 느끼고 있는 많은 전자가 정착할 곳의 상태를 미
리 가정하였다. **초전도 상태는 많은 전자가 쿠퍼쌍을 만들고 있는
상태**라는 것이 그 가정이다.

　이 BCS의 가설은 콜럼버스의 달걀과 같은 것이었다. 그렇게

도 괴롭혀 왔던 초전도의 문제도 이 가설로 한꺼번에 해결의
길이 열리게 되었다.

BCS의 쌍상태

상호작용이 없는 이상 전자기체에서도 절대영도에서는 전자
가 운동량 p와 -p의 준위를 페르미 준위까지 차지하고 있는
점에서는 일종의 쌍상태에 있다. 그러나 이것은 파울리 원리에
의한 것으로 전자는 어디까지나 개개의 에너지를 갖고 독립적
으로 운동하고 있는 상태에 있다. 이것에 대해 BCS의 쌍상태
는 페르미 준위 근처에 있는 전자가 독립적이 아니고 속박상태
의 쿠퍼쌍을 만들고 있는 상태이다.

페르미 준위 근처를 차지하고 있는 전자는 각종 운동량을 갖
고 있으나 BCS는 쿠퍼가 반대 방향의 운동량을 갖는 전자만이
인력의 상호작용을 유효하게 이용한다는 것을 지적한 것에 착
안하여, 초전도 응축에너지를 주는 것은 반대 방향의 운동량을
가진 전자 간의 상호작용뿐이며 그렇지 않은 전자 간의 상호작
용에는 전혀 기여하지 않는다고 생각하였다.

이와 같은 고찰로부터 BCS는 반대 방향의 운동량을 갖는 전
자 2개가 쿠퍼쌍을 만듦으로써 얻어지는 에너지는 **인력의 상호
작용의 크기와 이미 응축되어 있는 쿠퍼쌍의 수의 곱** Δ로 주어진
다는 것을 지적하였다. 반대로 1개의 쿠퍼쌍을 파괴하여 분리
된 2개의 독립 전자로 하기 위해서는 최저 2Δ의 에너지를 필
요로 한다. 인자 2는 1개의 쌍이 파괴되면 2개의 독립 전자가
생기는 것을 나타내고 있다.

유한온도에서는 전자의 운동을 가능한 한 난잡하게 하려는

162

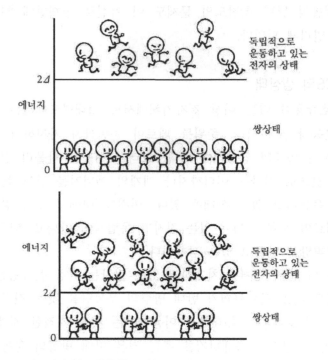

〈그림 6-11〉 쌍상태는 응축하고 있는 쿠퍼쌍이 많을수록 낮은 에너지를
갖는다

〈그림 6-12〉 1개의 쿠퍼쌍을 깨뜨리는 데는 최저 2⌿의 에너지가 필요하다

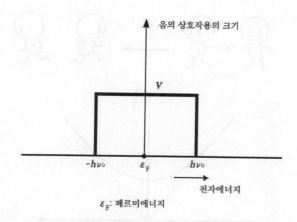

<그림 6-13> 인력에 대한 BCS의 가정. 페르미 에너지로부터 ±$h\nu_0$ 범위 내의 에너지를 갖는 전자 사이에는 일정한 음의 상호작용 V가 작용하고 있다

열에너지 때문에 어느 정도 수의 쌍이 파괴되어 있으나 열에너지가 제로인 절대영도에서는 모든 전자가 쌍상태로 응축되어 있다. 따라서 응축되어 있는 쌍의 수에 비례하는 Δ는 절대영도에서 가장 큰 값 $\Delta(0)$을 갖는다. BCS는 인력의 상호작용으로 페르미 에너지 ε_F로부터 포논(Phonon)의 평균에너지 $h\nu_0$ 정도 범위 내의 에너지 $\varepsilon(|\varepsilon-\varepsilon_F|>h\nu_0)$를 갖는 전자 사이에 작용하는 프레리히 상호작용을 생각했다. 그리고 간단히 하기 위해 이 에너지 범위에 있는 전자 간에 작용하는 인력 상호작용 V는 일정값을 가지며 보다 높은 에너지($|\varepsilon-\varepsilon_F|>h\nu_0$)를 갖는 전자 간의 상호작용은 무시할 수 있다고(V=0) 가정하여 $\Delta(0)$가

$$\Delta(0)=2h\nu_0\exp(1/N(0)V)$$

로 주어진다는 것을 지적하였다. 여기서 $N(0)$는 페르미 에너지

164

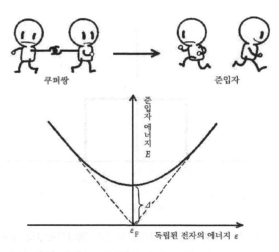

쿠퍼쌍　　　　　　　준입자

〈그림 6-14〉 ε이 충분히 커지면 준입자에너지는 자유전자에너지에 접근
　　　　　하여 간다

에서 단위 에너지 폭 내의 준위의 수(상태밀도라고 한다)이다.

　쿠퍼쌍에 대해 제멋대로 독립된 전자를 **준입자**(準粒子)라고 한
다. 준입자는 쌍이 깨져서 생겼다는 신분 때문에 완전히 자유
로운 전자에너지 ε과는 다소 다른 에너지

$$E = \sqrt{(\epsilon - \epsilon_F)^2 + \Delta^2}$$

을 갖는다. 이것은 쌍을 깨뜨려 에너지 E인 2개의 준입자를 만
들어 내기 위해서는 적어도 2Δ의 에너지를 필요로 한다는 것
과 ε이 충분히 커지면 준입자에너지는 자유전자에너지에 접근
해 간다는 것을 나타내고 있다.

　절대영도에서 온도를 올려가면 열에너지에 의해 약간의 쌍이
깨져 준입자가 나타나면서 응축하는 쌍의 수가 감소한다. 이
때문에 응축쌍의 수에 비례하는 Δ도 작아진다. Δ가 작아지면

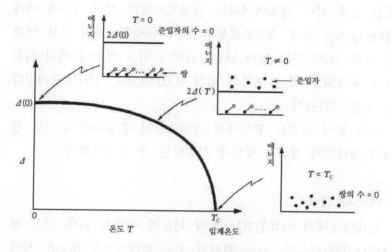

〈그림 6-15〉 Δ의 온도변화

쌍이 깨지기 쉬워지므로, 온도가 더욱 높아지면 쌍의 수가 더욱 감소하며 Δ는 더욱 작아진다. 온도가 어느 정도 높아지면 이 쌍의 감소를 가속시키는 효과가 강해져 쌍의 수에 따라서 Δ가 눈사태같이 제로로 향한다. Δ가 제로로 되는 온도 T_c는 쿠퍼쌍이 소멸하여 모든 전자가 독립적으로 에너지 ε을 갖고 운동하는 상전도 상태로 옮겨지는 임계온도에 해당한다. BCS 는 이와 같이 정해지는 임계온도 T_c는

$$k_B T_c = 1.15 h \nu_0 \exp(-1/N(0)V)$$

로 주어진다는 것을 지적하였다. 이 결과는 대표적인 초전도체의 임계온도에 가까운 값을 준다.

Δ의 온도 변화 및 Δ의 함수로 나타나는 초전도 응축에너지의 온도 변화를 일반적으로 구한다는 것은 어렵다. 앞에서 설

명한 것과 같이 응축에너지는 임계자기장의 제곱, B_c^2에 비례하나 BCS는 수치 계산으로부터 Δ와 응축에너지의 온도 변화를 구해, B_c의 온도 변화로서 약간의 차이는 있으나 거의 실험에서 관측되고 있는 포물선 법칙 $B_c(t)=B_c(0)(1-t^2)$가 구해진다는 것을 나타냈다.

이와 같이 BCS는 쌍상태의 가설로부터 출발하여 초전도 상태의 에너지적 성질을 멋있게 설명하는 데 성공하였다.

에너지 갭

절대영도에서 자유전자는 거의 페르미 에너지 ε_F와 같은 평균에너지를 갖는다. ε_F는 전자의 수로 정해지므로 초전도 상태로 되어도 변하지는 않는다. 그러나 초전도 상태에서는 에너지가 조금 낮아진다. BCS는 이것은 전자가 쌍상태로 응축하면 페르미 에너지 ε_F를 중심으로 폭 2Δ에 걸쳐 전자가 차지할 수 있는 준위가 없는 출입금지 영역이 생기기 때문에 일어난다는 것을 지적하였다. 이 출입금지 영역을 **에너지 갭**(gap)이라고 한다. 갭이 생긴 상태에서는 전자로 채워져 있는 페르미구가 겉보기에는 수축된 상태로 되어 있으며 이 수축의 크기에 따라 에너지가 조금 내려간다.

그런데 페르미구의 크기는 전자수로 정해지므로 수축하면 전자는 갭 내에서 빠져나갈 수가 없다. 이 때문에 플랫폼에 남겨져 있던 승객을 만원 전차에 무리하게 밀어넣으면 입구 부근이 빽빽하게 되는 것처럼 갭 끝에 가까운 곳에서 전자를 수용하는 준위의 밀도(상태밀도)가 이상하게 커진다. 완전 대칭적으로 페르미 에너지에서 위의 A만큼의 범위에 있던 준위는 에너지가

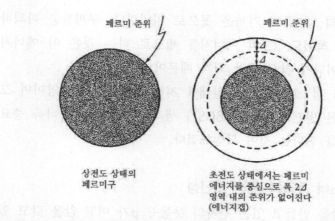

〈그림 6-16〉 초전도 상태에서 전자의 출입금지 영역(에너지 갭)이 생겨 전자가 꽉 차 있는 페르미구가 겉보기에 수축된 상태가 된다. 그것에 따라 에너지가 약간 낮아진다

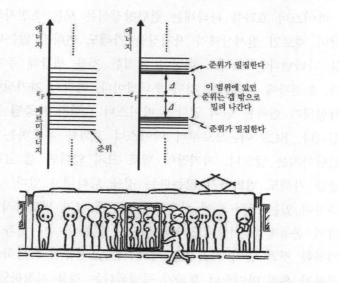

〈그림 6-17〉 에너지 갭의 끝에 가까운 곳에서 준위의 밀도가 이상하게 커진다

높은 쪽의 갭 끝의 가까운 곳으로 치밀린다. 쿠퍼쌍을 파괴하는 데에 적어도 $2\varDelta$의 에너지를 필요로 하는 것은 이 에너지 갭을 뛰어넘지 않으면 안 되기 때문이다.

에너지 갭 $\varDelta$는 초전도 상태를 지배하는 중심적인 양이며 그 후의 이론 발전으로 최초 BCS가 생각했던 것보다도 더욱 중요한 역할을 한다는 것이 확실해졌다.

마이스너 효과와 완전 도전성

쿠퍼쌍을 만들고 있는 전자의 운동량 p가 어떤 값을 갖고 있어도 쌍으로서의 운동량은 p+(-p)=0이다. 따라서 BCS의 쌍상태에서는 **모든 쌍이 운동량 제로의 상태로 응축하고 있는 것**이 된다. 이것은 런던이 상상했던 운동량의 질서상태 바로 그것이다.

마이스너 효과를 나타내는 런던방정식은 모든 초전자의 운동량이 제로인 질서상태가 자기장을 가해도 변하지 않는다는 것을 나타낸다는 프리츠 런던이 지적한 것을 생각해 주기 바란다. 초전자에 해당하는 것이 쿠퍼쌍이다. 따라서 자기장에 의해 쌍상태가 변하는 일이 없다면 마이스너 효과가 보증될 것이 확실하다. BCS 이론으로부터 마이스너 효과를 유도하는 계산은 간단하지는 않으나, 자기장이 별로 크지 않다면 갭 $\varDelta$는 자기장을 가해도 변화하지 않는다는 것을 나타내고 있다. $\varDelta$는 응축하여 있는 쌍의 수에 비례하기 때문에 $\varDelta$가 변화하지 않으면 쌍의 운동량 질서상태도 난잡해지지 않는다. 이 결과 런던이 지적한 것과 같이 자기장을 차폐하는 초전류에 해당하는 쌍의 전류가 흘러 마이스너 효과가 증명된다는 것을 지적하였다.

앞에서 설명한 것과 같이 쿠퍼쌍의 전자는 보통 침입깊이보

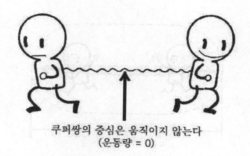

〈그림 6-18〉 쿠퍼쌍을 만들고 있는 전자의 운동량이 어떤 값이라도 쌍으로서
의 운동량은 제로이다

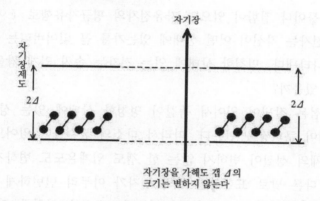

〈그림 6-19〉 자기장이 별로 크지 않으면 갭 Δ의 자기장을 가해도 변화하지
않는다

다는 긴 거리(10^{-7}m 정도)에 걸쳐 상대를 감지하고 있다. BCS
가 구한 자기장과 차폐초전류 사이의 관계식은 이 쿠퍼쌍의 평
균 크기를 반영하여, 런던방정식에 초전자 간의 코히어런스길
이(간섭성을 유지하는 길이)를 고려하여 수정한 피파드방정식과
거의 일치하는 것이다. 즉, **쿠퍼쌍의 크기가 코히어런스길이에 해
당한다**는 것을 지적하였다.

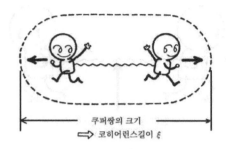

〈그림 6-20〉 쿠퍼쌍의 크기는 코히어런스길이에 해당한다

　불순물이나 결함이 있으면 자유전자의 평균자유행로 ℓ 이 짧
아져 전자는 자신이 어떤 상태에 있는가를 곧 잊어버리는 건망
증을 나타낸다. 멍청한 상태에 있는 전자는 솜씨 있게 쌍을 만
들 수 있을까?

　그 점은 잘되어 있어서 똑같이 멍청한 상태에 있는 상대를
찾아내어 쿠퍼쌍을 만든다. 따라서 다소의 불순물이 있어도 금
속 자체의 성질이 변하지 않는 한 갭도 임계온도도 변하지 않
는다. 다른 말로 표현하면 쌍의 전자가 아무리 빈번하게 불순
물과 충돌하여도 쌍은 깨지지 않는다. 그러나 멍청한 전자는
쌍의 상대가 조금만 떨어지면 상대를 잃어버린다. 불순물을 첨
가하면 코히어런스길이가 짧아지는 것은 전자의 건망증이 심해
지고 쿠퍼쌍의 크기가 작아지는 것으로써 설명된다.

　쌍상태에 있는 전자에 전기장이 가해지면 모든 전자는 같은
힘을 받아 일제히 운동량이 변한다. 운동량의 변화몫을 Q라고
하면 모든 쌍의 운동량은 (p+Q)+(-p+Q)=2Q를 갖고 전기장의
방향으로 흐른다. 4장에서 설명한 것과 같이 제멋대로 흩어진
쌍전자의 경우 전기장을 가하면 사방으로 운동하고 있는 전자

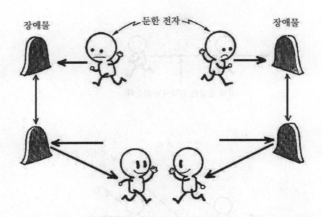

〈그림 6-21〉 둔한 전자쌍은 상대를 기억하고 있으나 조금 떨어지면 잃어버린다

의 전기장 방향의 운동량이 일제히 변하기 때문에 전기장 방향
의 **평균 운동량**이 변하여 전류로 나타난다. 이것에 대해 쿠퍼쌍
이 갖는 운동량 2Q는 평균 운동량이 아니고 모든 쌍이 공통으
로 갖는 운동량이라는 것이 중요한 차이다.

흩어진 쌍전자에 전기장을 가해도 운동량이 무제한으로 늘어
나지 않는 것은 한개 한개의 전자가 독립적으로 불순물이나 격
자진동과 충돌하여 방향을 바꾸므로 평균 운동량이 일정하게
유지되기 때문이라는 것도 4장에서 설명하였다. 이것이 전기저
항의 메커니즘이다. 그런데 일제히 같은 운동량을 갖고 흐르고
있는 방대한 수의 쿠퍼쌍의 흐름에 브레이크를 걸려면 쌍을 깨
뜨려서 운동량의 질서상태를 흩뜨리는 방법밖에는 없다.

그러나 설사 쌍의 전자 한개 한개가 불순물 등과 충돌을 되
풀이하여도 쌍을 깰 수는 없으며, 멍청한 상태에서 계속하여
쌍을 이루고 있다. 따라서 흩어진 쌍전자에 효력이 있는 저항

172

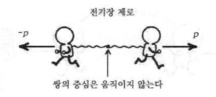

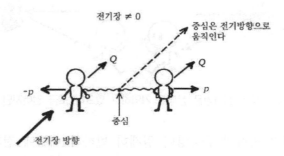

〈그림 6-22〉 쌍상태에 있는 전자에 전장이 가해지면 모든 전자는 같은 힘을
받아 일제히 운동량이 변한다

메커니즘은 전혀 효력이 없게 된다. 이 질서가 흩어짐 없이 계
속해서 흐르는 쿠퍼쌍의 흐름이 저항 없이 흐르는 초전류이다.

이와 같이 BCS의 쌍상태는 초전도의 기본적 성질인 마이스
너 효과와 완전 도전성을 잘 설명한다는 것도 명확하게 되었다.

갭과 질서파라미터

쿠퍼쌍을 이루고 있는 전자는 파동적 성격을 갖고 있다. 이
성격이 쌍상태에 어떻게 반영되고 있을까?

앞에서 반대 방향의 운동량을 갖고 있는 전자는 몇 회나 충
돌하여도 상대를 기억하고 있다고 설명하였으나, 이것은 반대

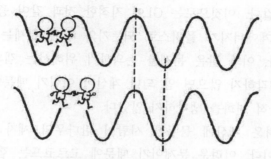

〈그림 23〉 쿠퍼쌍은 위상이 일치한 파동 상태로 응축하고 있다

방향의 운동량을 갖는 전자파의 위상 사이의 관계가 충돌을 하여도 난잡해지지 않는다는 것을 의미하는 것이다. 이 때문에 같은 위상을 가진 파동이 잘 겹쳐지게끔 여러 번의 충돌 효과가 잘 가산된다는 것이다. 쿠퍼쌍은 이 위상 관계가 정해진 2개의 전자파를 겹친 파동의 위상을 갖는다.

BCS는 수많은 쿠퍼쌍이 쌍상태로 응축할 때 모두 같은 위상을 갖고 응축한다고 생각하였다. 만일 제멋대로의 위상을 갖고 있다면 쿠퍼쌍의 파동이 잘 겹쳐지지 않아서 쌍상태 자체가 나타나지 않기 때문이다. 응축하여 있는 쌍의 수에 비례하는 갭은 이 사실을 반영하여 쿠퍼쌍의 파동의 위상 θ를 가진 주기함수로 되어 있다. 에너지가 주기적으로 변한다는 것은 이상한 것 같으나 BCS 이론에서는 이 주기함수의 진폭이 에너지로서 나타나게 되어 있다.

BCS는 각종 계산을 해나가는 데 있어서 갭의 크기(진폭)는 균일하며 공간적으로 변하지 않는다고 하였다. 갭의 크기는 응축해 있는 쌍의 수에 비례하므로 이것은 초전자에 해당하는 쿠퍼쌍의 밀도가 균일하며 공간적으로 변화하지 않는다고 생각하는 것과 같다. 이것으로는 GL이 지적한 것과 같이 중간상태에서 왜 경계에너지가 플러스로 되는가와 같은 문제는 논할 수 없게 된다. 이와 같은 문제를 논의하기 위해서는 갭의 공간적 변화를 생각하지 않으면 안 되나 계산이 어렵기 때문에 BCS는 일단 공간적 변화를 생각하지 않았다.

이 어려운 계산에 몰두한 사람이 란다우의 제자 고르코프(Gorkov)이다. 어려운 문제이기 때문에 고르코프는 갭 Δ가 매우 작은 임계온도 부근의 온도 영역에 한해, 자신이 고안해 낸 고도하고 우아한 수학적 수법을 구사하여 공간적으로 변화하는 갭 Δ가 따르는 방정식을 구하였다. 그리고 이 방정식이 은사 란다우가 긴츠부르크와 유도한 질서파라미터가 따르는 방정식과 완전히 같은 형이라는 것을 지적하고, GL이 직감적으로 도입한 **질서파라미터 에너지 갭, 바로 그것**이라는 사실을 밝혔다. 이와 같이 하여 고르코프는 GL방정식을 마이크로 이론으로부터 기초를 단단히 하였을 뿐만 아니라 은사 란다우의 통찰력이 얼마나 깊은가를 새삼 부각되게 하였다.

질서파라미터가 GL의 코히어런스길이 ξ에 걸쳐서밖에 변화될 수 없다는 것은 초전자에 해당하는 쿠퍼쌍이 대체로 ξ의 크기를 갖고 있기 때문이다. 고르코프는 Δ의 변화를 제약하는 코히어런스길이도 BCS가 구한 것과 약간 다른 모양으로 평균자유행로가 짧아짐에 따라 작아진다는 것을 지적하였다. 이것은 GL의 현상론으로는 알 수 없었던 사실이다.

GL의 질서파라미터 Ψ

$\updownarrow$

에너지 갭 Δ

고르코프 이론에서는 갭의 위상은 이면에서 중요한 역할을 하고 있으나 결과에는 나타나지 않는다. 이 연극에서 배후의 조종자와 같은 위상을 무대 앞의 주역으로 내세운 사람이 피파드의 제자 조셉슨(Josephson)인데 이것에 대해서는 나중에 다시 설명하기로 하자.

새로운 시대의 전개

이상과 같이 쌍가설로부터 출발한 BCS 이론은 초전도의 기본적 성질을 멋있게 설명하는 데 성공하였으며 또한 모색의 시대에 위대한 예술적 작품이라고 할 수 있는 런던 이론과 GL 이론의 기초를 만드는 데 성공한 것이다. BCS 이론이 발표되고부터 초전도체에 전자기파나 초음파를 충돌시켰을 때의 응답 등 각종 실험이 파죽지세로 이루어졌으나 모든 결과는 BCS의 쌍가설을 지지하는 것이 되어 쌍상태에 대해 의혹을 갖는 사람은 없게 되었다.

이 너무나도 멋있는 BCS 이론의 성과를 눈앞에 두고, 여러 해에 걸쳐 도전을 물리쳐 온 초전도의 문제도 겨우 결말이 나, 남은 것은 정밀화라는 중요하나 별로 희망이 없는 일뿐이라고 생각하는 사람도 많았다. 낭만의 시대는 사라졌다.

그러나 초전도는 아직도 놀라운 일을 감추고 있었다. 1960년대의 개막과 더불어 초전도는 예기치 못한 새로운 전개를 보였다.

7. 새로운 시대의 개막

자속은 양자화되어 있다?

앞 장의 끝부분에서 설명한 것과 같이 고르코프는 BCS 이론으로부터 GL이 직감적으로 도입한 질서파라미터가 에너지 갭에 해당한다는 것을 지적하였다. 이것으로 질서파라미터도 기초가 튼튼하게 되었다. GL은 모든 초전자가 하나의 운동량상태로 응축하여 있다는 것을 나타내기 위해 질서파라미터에 파동적 성격을 지니게 하였으나 이것도 쿠퍼쌍이 위상을 가지런히 하여 쌍상태로 응축되어 있다는 것을 정확하게 파악하고 있었다는 것이 된다.

5장에서 설명한 것과 같이 같은 위상을 가진 파동은 잘 겹쳐져서 서로를 보강한다. 따라서 방대한 수의 쿠퍼쌍이 응축되어 있는 매크로한 쌍상태는 매크로한 척도(尺度)에서도 파동성을 잃지 않게 된다. GL도 그렇게 생각한 것이나 매크로한 세계에 마이크로한 세계를 지배하는 양자법칙이 그대로 직접적으로 적용될 수 있다는 것은 적어도 당시의 상식으로는 생각할 수 없었기 때문에 초전도 상태의 파동적 성격에 대해서는 추궁하지 않았다.

프리츠 런던은 좀 더 대담하였다. 그는 하나의 초전도체에서는 모든 초전자는 운동량 제로의 상태로 응축되어 있으나 구멍이 관통하고 있는 링 모양의 초전도체에 영구전류가 흐르고 있는 상태에서는 초전자는 제로가 아닌 운동량을 갖고 돌고 있으며, 그 경우도 운동량 질서는 유지되기 때문에 모든 초전자는

178

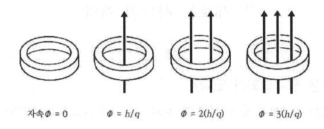

자속 Φ = 0 　　Φ = h/q　　Φ = 2(h/q)　　Φ = 3(h/q)

〈그림 7-1〉 링의 구멍을 관통하고 있는 자속 Φ는 단위 h/q의 띄엄띄엄의
값밖에 가질 수 없다. Φ=n(h/q)

같은 운동량을 갖고 돌고 있다고 생각하였다. 그리고 만일 같
은 운동량을 가진 방대한 수의 초전자가 1개의 마이크로한 초
전자와 마찬가지로 움직인다면 원자궤도를 돌고 있는 전자도
같은 양자화법칙에 따를 것이 확실하다고 생각하였다. 4장에서
설명한 것과 같이 주장(周長) L의 궤도를 돌고 있는 전자의 운
동량 P는 p×L=nh(n은 정수)에 따라 h/L을 단위로 하는 띄엄
띄엄한 값 밖에 취할 수 없다. 만일 같은 법칙이 적용된다면
초전자 운동량은 L을 링의 주장으로 바꾼 띄엄띄엄한 값으로
한정된다.

　영구전류가 흐르고 있는 상태에서는 반드시 링의 구멍을 통
과하는 자기장이 있다. 자기장 속에서 하전된 입자의 운동량은
자기장에 의존하는 여분의 운동량을 갖는다는 것을 5장에서 설
명하였으나, 이 여분의 운동량은 자속 Φ(자기장×자기장이 관통
하는 면의 면적)와 입자의 전하 q의 곱을 자속이 관통하고 있는
부분을 둘러싸는 곡선의 주장 L로 나눈 형태를 갖고 있다(q×Φ
/L). 이것에 일반적인 운동량, 질량 m×속도 v를 더한 것이 입
자의 자기장 속에서의 운동량이다.

지금 $\emptyset$를 초전도 링의 구멍을 관통하고 있는 자속이라고 하면 L은 링의 주장이 되므로, 만일 링을 돌고 있는 전하 q인 초전자의 운동량이 h/L 단위로 양자화되어 있다면

(질량×속도)×/L+q$\emptyset$=nh, n=0, ±1, ±2, ⋯, 정수

가 된다. 이 식의 제1항은 속도에 비례하는 영구전류로부터의 기여를 나타내고 있으나, 실제로 계산하여 보면 제2항보다는 훨씬 작기 때문에 무시한다면

$$\emptyset=n(h/q)$$

가 된다. 이것은 링의 구멍을 관통하고 있는 자속 $\emptyset$가 단위 h/q의 띄엄띄엄한 값밖에 갖지 못한다는 것을 나타내고 있다. 즉 매크로한 양인 자속이 양자화되어 있다는 결론이 얻어진다.

실제로 이 결론은 GL의 파동적 성격을 갖는 질서파라미터가 링을 일주하여 본래의 위치로 돌아오면 본래의 값으로 되돌아와야 한다는 조건으로부터도 얻어진다. 그러나 GL은 매크로한 양인 자속이 양자화되어 있을 리가 없다고 생각하였는지 논문에서 한마디도 언급하지 않고 있다. 프리츠 런던 자신도 자속 양자화의 가능성을 앞에서 설명한 명저의 각주에만 실은 것을 보면 별로 자신을 갖지 못했는지도 모른다.

BCS 이론이 등장한 후 얼마 동안 매크로한 척도로서의 양자화에 대한 인식은 없었다. 종래의 상식을 깨뜨리기 위해서는 실험에 의한 입증을 필요로 하였다.

자속은 정말로 양자화되어 있다

지금 초전자의 전하 q가 전자전하 e와 같다고 한다면 자속

단위 h/q는 약 1000만 분의 4gauss·cm²(1cm²의 면적을 4×10^{-7}가 우스의 자기장이 관통하고 있다)가 된다. 지구 자기장은 10분의 1 가우스 정도이므로 이것은 매우 작은 값이다. 그러나 초전도 링의 지름을 1마이크로(10^{-6}) 정도로 하면 관통하는 자기장의 강도는 10가우스 정도로 비교적 쉽게 측정할 수 있는 크기가 된다.

프리츠 런던이 예언한 후 11년이 지난 1961년에 미국의 페어 뱅크(Fairbank)와 데버(Deaver), 서독의 돌(Doll)과 네바우어(Nabauer)의 두 그룹이 독립적으로 지름이 1마이크론 정도인 매우 가느다란 유리선을 빼내어 그 위에 초전도체로 주석막을 증착함으로써 지름이 매우 작은 초전도 중공(中空) 원통을 만들어 관통하는 자기장을 측정하였다.

결과는 극적이었다. 바로 런던이 예측한 대로 자속이 양자화되어 있다는 것이 발견되었다. 더구나 양자화의 단위가 h/2e= 2×10^{-7}가우스·cm²라는 것을 알아냈다. 이것에 의해 런던이 가정한 초전자의 전하q가 쿠퍼쌍의 전하 2e와 같다는 사실, 즉 쌍이 초전자의 역할을 하고 있다는 방증이 얻어졌다.

이 실험에 의해 종래의 상식은 단번에 깨뜨려지고 초전도 현상은 매크로 척도로서의 양자화의 발현이라는 인식이 깊어졌다. 실제로 런던과 GL의 현상론이 큰 성과를 올려 현재도 계속 살아 있다는 것은 최초부터 초전도를 매크로한 양자 현상으로 파악하고 있었기 때문이다. 그러나 그들은 공상가는 아니었기 때문에 그것을 노골적으로 언급하는 것은 피하였다.

자속의 양자화는 방대한 수의 쿠퍼쌍의 흐름인 초전류가 마이크로 입자와 같은 파동적 성격을 갖고 있다는 것을 지적하고

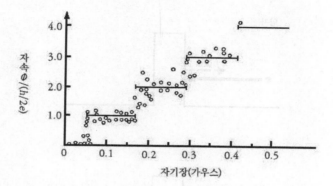

〈그림 7-2〉 스탠퍼드대학 그룹의 자속양자화에 관한 최초의 실험 결과 횡축의 자기장은 중공(中空)의 원통 초전도 시료를 냉각할 때 가해진 자기장을 끊었을 때에 중공 원통에 포착되어 있던 자속 Φ를 나타낸다. 모든 측정점이 표시되어 있지 않으나 평균을 취하는 자속 Φ는 h/2e 단위의 실선상에 놓여 있다

있다. 이 초전류의 파동적 성격을 보다 직접적으로 볼 수는 없을까? 1962년에 영국의 B. 조셉슨은 천재적인 착상으로부터 매우 약하게 연결된 2개의 초전도체 사이에 흐르는 파동적 성격이 나타난다는 것을 제시하였다.

초전도 터널효과의 발견

실은 조셉슨의 착상은 무에서 태어난 것이 아니고 초전도 터널효과의 발견이라는 배경이 있었다.

금속에 빛을 쬐면 반짝반짝 빛나는 것은 빛이 반사되기 때문이다. 그러나 잘 조사하면 빛은 전부가 반사되는 것은 아니고 일부가 극히 작은 깊이까지 스며들어 간다. 이것은 광파의 진폭은 금속 표면에서 갑자기 제로로 되는 것이 아니고, 표면으

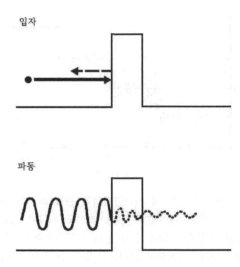

입자

파동

〈그림 7-3〉 금속에 빛을 비추면 반짝반짝 빛나는 것은 빛이 반사되기 때문이
나 광파의 진폭은 금속의 표면에서 급히 제로가 되지 않고 표면
으로부터 약간의 거리까지는 감쇠하면서 제로로 되어간다. 금속
이 얇으면 감쇠해 버리지 못하고 관통한다

로부터 약간 떨어진 거리 사이에서 급속히 감쇠하면서 제로로
되어가기 때문이다. 똑같이 마이크로 입자의 입자파는 입자가
관통할 수 없는 장벽에서도 조금 침입해 간다. 금속을 점점 얇
게해 가면 투명하게 보이는 것은 광파가 완전히 감쇠해 버리지
못하고 관통해 나오기 때문이다. 마찬가지로 장벽이 충분히 얇
다면 입자파는 반대쪽으로 관통해 나온다. 이 입자의 파동성에
의한 현상을 **양자역학적 터널효과**라고 한다.

BCS 이론이 발표된 즈음 미국 GE(제너럴 일렉트로닉사)의 기
에버(Giaever)는 매우 얇은 산화막(절연막)으로 격리된 금속막
사이를 흐르는 전류의 연구에 몰두하고 있었다. 기에버는 자유

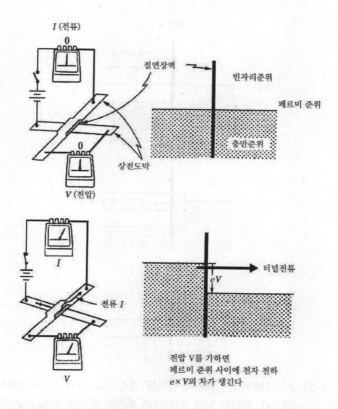

〈그림 7-4〉 상전도체 사이의 터널효과. 전압을 걸지 않은 상태에서는 2막의
         페르미 준위는 일치하고 있다. 전압을 가하면 페르미 준위 사이
         에 차이가 생긴다

전자가 관통할 수 없는 절연막을 터널효과로 관통하는 것에 의
한 전류를 관측하고 있다고 믿고 있었으나, 정말로 터널전류라
는 것을 입증하려고 고심하고 있었다. 얇은 절연막에 작은 구
멍이 생겨서 금속막이 단락하고 있는 것이 아닌가 하는 의문에
납득이 갈만한 반론을 할 수 없었기 때문이다.

184

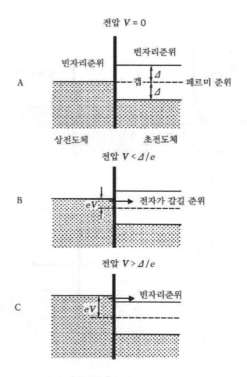

전압 V = 0

빈자리준위   빈자리준위

A

갭-- $\varDelta$ --페르미 준위

  $\varDelta$

상전도체   초전도체

전압 $V < \varDelta/e$

B

eV 전자가 갈길 준위

전압 $V > \varDelta/e$

C

빈자리준위

eV

〈그림 7-5〉 초전도체에서는 페르미 준위를 중심으로, 크기 2$\varDelta$의 갭이 생겨
         있다(A). 전압이 낮고 2개 막의 페르미 준위의 차이가 $\varDelta$보다 작
         으면 터널전류는 흐르지 않는다(B). 전압을 높여 페르미 에너지의
         차이가 $\varDelta$보다 커지면 갑자기 전류가 흐른다(C)

    당시 학위를 따기 위해 가까운 대학의 강의를 청강하고 있던
기에버는 새로운 BCS 이론의 이야기를 듣고 직감적으로 느껴
지는 것이 있었다. 초전도체에는 출입금지의 갭이 있다. 만일
금속 막의 한쪽 또는 양쪽이 모두 초전도체라면 한쪽 막으로부
터 터널하여 가는 전자가 갭 내의 에너지를 갖고 있을 때 그
앞쪽에 안정화되는 상태가 없기 때문에 장벽을 터널해 갈 수

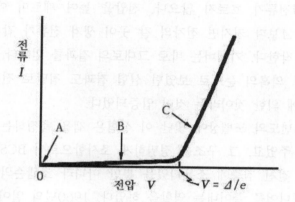

〈그림 7-6〉 2막 사이에 걸리는 전압(A, B, C는 〈그림 7-5〉의 기호에 대응)

없지 않는가? 터널하여 가는 전자의 에너지는 막 사이에 가해지고 있는 전압으로 변할 수 있기 때문에, 전압의 변화에 대한 전류의 변화에 갭의 존재가 반영될 가능성이 있다. 만일 장벽인 절연막에 구멍이 뚫려 막끼리 단락하여 있다면 이런 일은 일어나지 않을 것이다.

연구소에 돌아온 기에버는 곧 상전도막 위에 얇은 절연막을 사이에 두고 초전도막을 증착(蒸着)한 시료를 만들고 실험을 시도하였다. 결과는 기에버가 예상한 대로였다. 전압을 걸지 않은 상태에서는 2개 막의 페르미 준위는 일치하지 않으면 안 된다. 일치하지 않는다면 페르미 준위가 높은 막 쪽에서 낮은 쪽으로 전자가 터널효과로 준위가 일치할 때까지 이동하기 때문이다. 전압을 가하면 페르미 준위 사이에 차이가 생기게 된다. 초전도체에서는 페르미 준위를 중심으로 크기 $2\varDelta$의 갭이 생겨 있다. 상전도체로부터 터널하여 가는 전자의 갈 곳이 없기 때문에 터널전류가 흐르지 않으나, 전압을 높여 페르미 에너지의 차이가 Δ보다 커지면 전자의 갈 곳이 생겨 전류가 갑자기 흐르기 시작한다. 기에버는 바로 그대로의 결과를 얻었다. 이것으로 전에 의혹의 눈으로 보였던 실험 결과도 정말로 전자의 터널효과에 의한 것이라는 것이 입증되었다.

1973년도의 노벨상에 빛난 이 실험은 갭을 측정하는 간단한 수단을 주었고, 그 구조를 정밀하게 조사함으로써 BCS 이론의 세부에 걸친 검증에 소용되었을 뿐만 아니라 조셉슨의 획기적인 아이디어를 끌어내는 역할을 하였다. 1960년의 일이다.

쿠퍼쌍이 터널한다

1961년에 침입깊이를 처음으로 측정한 쉔베르그 박사가 잠시 일본에 체류하여 필자도 매일 그를 만나는 기회를 가졌다. 어느 날 잡담 중에 아끼는 제자 피파드에 대한 이야기를 하다가 피파드의 학생 중에 조셉슨이라는 천재적인 학생이 있다는 이야기를 들었다. 이 학생이 아직 대학원도 끝나지 않은 다음 해에 노벨상에 빛나는 논문을 완성하리라고는 당시 박사도 상상하지 못하였다고 생각된다.

조셉슨은 당시 쿠퍼쌍이 터널한다는 가능성을 생각하고 있었다. 입자가 터널할 수 있다는 것은 입자파의 진폭이 장벽 속에서 제로까지 감쇠하지 않기 때문이다. 이것은 입자상(像)으로 생각하면 이상하게 생각된다. 입자의 일부가 장벽을 관통하고 일부가 되튕겨나오리라고는 생각할 수 없기 때문이다. 입자상에는 입자가 장벽에 부딪치면 그 일부가 관통하는 것이 아니라, 몇번이고 장벽에 부딪치면 그중의 1회만 입자가 관통한다고 해석

하고 있다. 즉 **입자는 어떤 확률로써 터널하여 가는 것이다.**

기에버가 관측한 것은 전압을 가함으로써 흐르는 흩어진 준입자(準粒子)의 터널전류이다. 쿠퍼쌍의 초전류라면 전압 없이 전류가 흐를 것이기 때문이다. 그런데 쿠퍼쌍이 터널하기 위해서는 2개의 전자가 동시에 터널하지 않으면 안 된다. 이 확률은 1개의 준입자가 터널하는 확률보다 훨씬 작다. 따라서 쌍의 터널은 도저히 관측할 수 없다는 것이 피파드를 포함한 많은 사람들의 의견이었다.

이것에 대해 조셉슨은 쿠퍼쌍은 위상이 가지런한 상태에 있기 때문에 1개의 전자와 같은 정도의 확률로 터널할 수 있다고 주장하였다. 후년에 피파드는 이 위상이 갖는 의의가 좀처럼 이해되지 않았다고 회상하고 있다.

위상차와 터널 초전류

5장에서 설명한 것과 같이 주기적으로 변하는 파동의 상태를 나타내는 위상은 파동이 어떤 상태로부터 출발하였는가를 알 수 없다는 임의성을 갖기 때문에 위상 자체는 물리적 의미를 갖지 않는다. BCS도 쌍상태는 쿠퍼쌍이 위상을 가지런히 하여 응축되어 있는 상태라고 하면서도, 계산되는 물리량에 위상은 나타나지 않기 때문에 위상 그 자체에는 특별한 의의를 부여하지 않았다.

위상이 의미를 갖게 되는 것은 같은 상태에서 출발한 파동을 도중에서 2개로 나눴다가 다시 겹쳤을 때에 생기는 효과이다. 분리된 파동이 다시 겹칠 때까지 다른 경로를 거친다면 보통은 위상이 달라진다. 2개의 파동은 본래 같은 위상에서 출발한 파

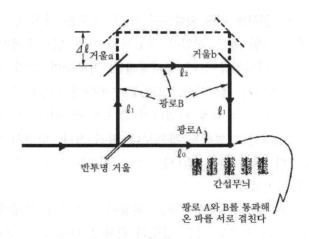

〈그림 7-7〉 거울 a, b를 이동하면 광로차[(2ℓ₁+ℓ₂+2Δℓ)-ℓ₀]가 파장 λ의
정수배일 때에는 위상차가 2π×정수가 되어 빛이 서로 강하게 하
며, 반파장 λ/2의 기수배일 때는 위상차가 π×기수가 되어 빛이
서로 약하게 하기 때문에 빛의 명암패턴(간섭무늬)이 보인다

동이므로, 이 위상의 차를 제거하면 애매하였던 출발상태의 위
상이 없어진다. 따라서 **위상차**에는 애매함이 없고 물리적인 의
미를 갖게 된다. 위상차가 2π만큼 엇갈리면 2개 파동의 산과
산, 골짜기와 골짜기가 겹치므로 파동은 서로 보강되고 π만큼
엇갈려 있으면 산과 골짜기가 겹쳐서 서로 약하게 하기 때문에
생기는 간섭효과가 그 예이다. 빛의 간섭무늬나 음(音)의 고저
가 주기적으로 변하는 비트(beat) 현상은 모두 간섭효과에 의한
것이다.

지금 쿠퍼쌍이 위상 θ_a, θ_b를 갖고 응축해 있는 2개의 초전
도체를 생각하자. 이 2개의 초전도체를 전자가 충분히 터널할
수 있는 정도의 두께(10억 분의 5m 이하)의 절연막을 끼고 접합
하였다고 하자(그림 7-8). 지금 b에 있는 1개의 쿠퍼쌍이 깨뜨

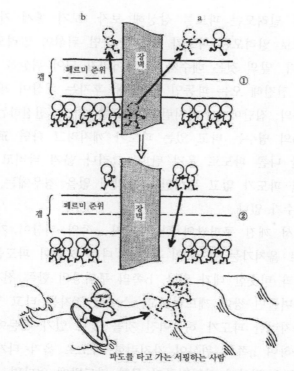

파도를 타고 가는 서핑하는 사람

〈그림 7-8〉 ① b측의 쌍이 깨져 전자가 1개 a측으로 이동한다
② a측으로 옮겨진 전자는 상대를 찾아내어 쌍을 만든다. 쿠퍼
쌍의 한 조각이 a측의 위상과 일치하는 쌍상태로 옮겨져 가
는 것은 서핑하는 사람이 파도를 바꿔 타는 것과 비슷하다

려지고 반으로 깨어진 1개의 전자가 절연막을 터널하여 a로 옮
겨져 상대를 찾아내 쌍을 만들었다고 하면, 터널하여 가는 것
은 전자 1개이나 b측에 있던 쌍이 없어지고 a측에 쌍이 생기
므로 결과적으로는 b에서 a로 쌍이 이동한 것이 된다. 여기서
중요한 점은 a측으로 이동한 전자가 반드시 위상 θ_a를 갖는 쌍
을 만든다는 것이다.

해안에 밀려오는 파도를 상상해 보자. 보기 좋게 가지런히 주기적으로 밀려오는 파도가 있는가 하면 뒤섞여 밀려오는 파도도 있다. 앞의 것은 해수가 한 덩어리가 되어 위상을 가지런히 하여 전진해 오는 파동인 데 비해, 후자는 위상이 제멋대로인 파동의 집단이다. 가지런한 파도를 타고 전진하는 서핑(Surfing)의 명수는 타고 있는 파도가 깨지려고 하면 교묘하게 가지런한 다른 파도로 옮겨 탄다. 그러나 옮겨 타려고 할 때 가지런한 파도가 없고 뒤섞인 파도밖에 없을 경우에는 앞으로 전진할 수가 없다.

b쪽에서 깨진 쿠퍼쌍의 한 조각이 a쪽의 위상이 가지런한 쌍상태로 옮겨가는 것은 이 서핑을 타는 사람이 파도를 옮겨 타는 것과 비슷한 데가 있다. b쪽의 쿠퍼쌍의 한쪽 전자가 장벽에 스며들면 쌍이 깨뜨려지고, 스며든 전자는 타고 있던 위상이 가지런한 파도가 허물어진 것을 알고 있기 때문에, 장벽을 통과하여 a쪽의 위상이 가지런한 파도로 옮겨 타게 된다. 만일 a쪽에 위상이 가지런하지 못한 파도밖에 없다면 옮겨 탈 곳이 없게 되어, 전자가 1개 터널함으로써 쌍이 옮겨가는 메커니즘은 일어나지 않는다.

앞에서 설명한 것과 같이 절연막을 끼고 접합한 2개의 금속막의 페르미 준위는 일치하지 않으면 안 된다. 이 경우에도 예외는 아니므로 이 쌍이 이동하는 과정에서 위상이 θ_b에서 θ_a로 변하여도 에너지는 변하지 않는다. 마찬가지로 쌍이 a에서 b로 옮겨질 수 있으나 바깥으로부터 절연막을 통해 전류를 b에서 a로 흘리면 b에서 a로 옮겨지는 쌍의 수가 많아진다. 즉 b에서 a로 저항이 없는 쌍의 전류—초전류—가 흐르게 된다.

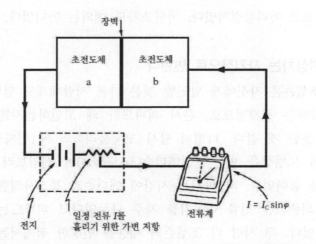

〈그림 7-9〉 초전류 I 가 절연막을 가로지를 때 $I = I_c \sin\varphi$ 에 따라 위상차 φ 에 의존한다

조셉슨이 주목한 것은 이 초전류가 절연막을 횡단할 때 위상이 θ_b 에서 θ_a 로 변하는 점이다. 위상 θ_b 와 θ_a 는 제멋대로의 값을 가질 수 있으나 위상차 $\varphi = \theta_a - \theta_b$ 는 의미를 갖고 있으므로 터널 초전류는 어떠한 형태로 위상차 φ 에 의존하지 않으면 안된다고 조셉슨은 생각하였다.

이 계산은 매우 어려우나 조셉슨은 목표를 정해 터널전류 중에서 위상차에 의존하는 항을 찾아내었다. 답은 터널 초전류 I 가

$$I = I_c \sin\varphi$$

에 따라 위상차 φ 에 의존한다는 매우 간단한 것이었다. 답은 간단하지만 위상이 갖는 의미가 올바로 인식되어 있지 않았던 당시, 피파드를 비롯하여 많은 사람들이 위상차가 나타나는 식

을 보고 어리둥절하였다. 바딘조차도 예외는 아니었다.

위상차는 자기장으로 변한다

조셉슨은 자신에게 당연한 것은 다른 사람에게도 당연하다고 생각하는 천재형으로, 은사 피파드가 왜 고민하는지를 이해하지 못한 것 같다. 다행히 당시 고체물리학의 제1인자로 1977년에 노벨상을 받은 P. 앤더슨(Anderson)이 케임브리지대학에 체류 중이었다. 차 마시는 시간에 앤더슨과 불가사의한 위상차에 의존하는 전류 이야기를 자주 나누었다고 피파드는 회상하고 있다. 두 사람 다 조셉슨의 재능을 인정한 점에서는 일치하고 있었다. 실은 조셉슨의 발상은 앤더슨의 강의에서 힌트를 얻은 것이라고 전해지고 있다. 따라서 앤더슨이 조셉슨의 생각을 이해하는 데는 그렇게 시간이 오래 걸리지 않았다.

앤더슨이 특히 주목한 것은 자기장의 위상차에 대한 효과이다. 앞에서 설명한 것과 같이 위상의 공간적 변화의 비율은 쌍의 운동량에 비례하고, 그 운동량은 자기장 속에서 변한다. 지금의 경우 위상의 변화는 접합부(절연장벽)에서 일어나고 있으므로 접합부를 자기장이 관통하고 있으면 자기장 속에서의 여분의 운동량으로 위상차가 변할 것이 확실하다.

조셉슨의 식 $I = I_c \sin\varphi$는 위상차가 $\pi/2(90°)$일 때 터널 초전류가 최댓값 $I = I_c$를 취한다는 것을 나타내고 있다. I_c를 **조셉슨 임계전류**라고 한다. 앤더슨은 접합을 관통하고 있는 자기장에 의한 위상차의 변화로 임계전류가 접합부를 통과하는 자속이 자속양자 $\varnothing_0 = h/2e$만큼 변할 때마다 주기적으로 제로로 되면서 급속히 작아져 간다는 것을 지적하였다. 보통 크기

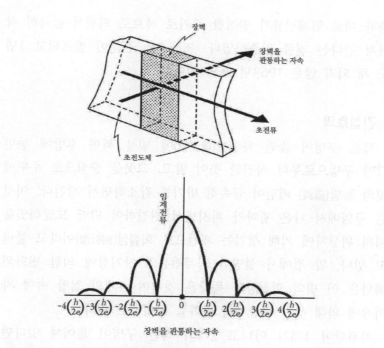

장벽

장벽을
관통하는 자속

초전류

초전도체

$$-4\left(\frac{h}{2e}\right) -3\left(\frac{h}{2e}\right) -2\left(\frac{h}{2e}\right) -\left(\frac{h}{2e}\right) \quad 0 \quad \left(\frac{h}{2e}\right) 2\left(\frac{h}{2e}\right) 3\left(\frac{h}{2e}\right) 4\left(\frac{h}{2e}\right)$$

임계전류

장벽을 관통하는 자속

〈그림 7-10〉 접합부의 장벽을 자속이 관통하면 임계전류는 주기적으로 변화
하면서 작아진다

의 접합에서는 지구 자기장 정도의 자기장으로 접합부를 통과
하는 자속이 자속양자의 크기에 도달해 버리므로 환경 자기장
을 제대로 차폐하지 않으면 임계전류가 작아져서 조셉슨 효과
가 존재하고 있어도 관측할 수 없게 된다.

앤더슨은 미국의 벨연구소의 동료로 터널실험에 숙달된 로웰
(Rowell)에게 이 결과를 전달하였다. 로웰은 주의 깊게 차폐한
약 1㎜각의 접합으로 실험을 하여 약 1㎜A까지 저항 없는 초
전류가 흐른다는 것을 확인하고, 또 작은 자기장을 가하면 예

194

측한 대로 임계전류가 일정한 주기로 제로로 되면서 급속히 작아져 간다는 것을 검증하였다. 조셉슨의 논문이 발표되고 1년도 채 되지 않은 1963년 초의 일이다.

간섭효과

작은 구멍이 뚫린 차광판(遮光板)에 빛을 쬐면 후방에 놓인 막에 구멍으로부터 직진한 곳이 밝고, 그곳을 중심으로 주위에 빛의 농담(濃淡) 패턴이 급속히 밝기를 감소하면서 생긴다. 이것은 구멍에서 나온 광파가 퍼지면서 전진하여 막에 도달하였을 때의 위상차에 의해 생기는 패턴으로 **회절상**(回折像)이라고 불리고 있다. 앞 절에서 설명한 임계전류의 자기장에 의한 변화의 패턴은 이 빛의 회절상과 똑같은 것이며, 1개의 접합 속에 자기장에 의해 생긴 위상차의 변화를 반영하고 있다.

차광판이 1개가 아니고 2개의 작은 구멍이 뚫어져 있다면 각각의 구멍에서 나온 광파가 후방의 막이 있는 장소에 도달할 때까지의 광로(光路)의 차이 때문에 위상차가 생겨 빛의 강약의 무늬가 생긴다. 이것이 간섭효과에 의한 간섭무늬이다.

지금 2개의 초전도선을 병렬로 연결하고 각각에 조셉슨 접합을 삽입하였다고 하자. 이야기를 알기 쉽게 하기 위해 2개 접합의 임계전류 I_c는 같다고 하자. 이 병렬회로에 전류 $2I$를 흘리면 I가 임계전류 I_c보다 작은 한, 각 가닥의 저항은 모두 제로이므로 각 가닥에 같은 분량의 전류 I가 흐른다.

이대로는 변화가 일어나지 않으나 2개의 가닥에 둘러싸인 루프(loop) 속을 관통하는 자기장을 가하면 루프를 환류하는 영구전류가 흐르기 시작한다. 이 상태에서는 앞에서 설명한 것과

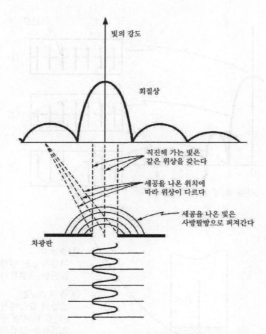

〈그림 7-11〉 차광판의 구멍에서 나온 광파가 퍼져 나가 막에 도달할 때의 위상 차에 의해 농담의 패턴이 생긴다. 이것이 회절상이다

같이 쿠퍼쌍은 루프를 관통하고 있는 자속 $\varPhi$에 의존하는 운동량을 갖고 루프를 돌고 있다. 운동량은 위상의 기울기(공간적 변화의 비율)에 비례하기 때문에, 자속에 의존하는 위상의 기울기가 루프를 따라 쌍이 돌고 있는 방향으로 생긴다.

쌍이 루프를 1회전하였을 때 쌍의 위상의 총변화는 이 자속에 의존하는 위상 기울기에 의한 것과, 2개의 접합을 통과할 때의 위상변화(위상차)와의 합으로 주어진다. 중요한 것은 2개의 접합에서는 같은 방향으로 위상차 φ_1, φ_2가 생기는 것에 비해 쿠퍼쌍은 한쪽 방향으로 돌고 있기 때문에 루프의 두 개 가닥

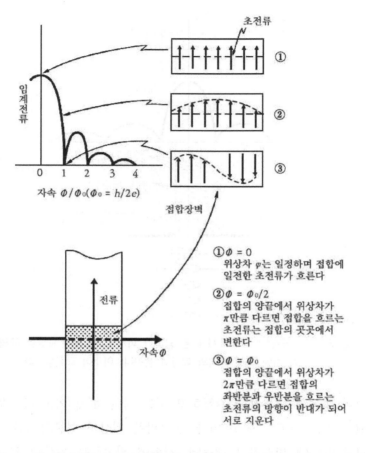

〈그림 7-12〉 임계전류의 자기장에 의한 변화의 패턴은 빛의 회절상과 같아 1개의 접합 중에 자기장에 의해 생긴 위상차의 변화를 반영하고 있다

에서의 위상 기울기의 방향이 반대 방향으로 되어 있다는 점이다. 이 때문에 가령 지금 위상차 φ_2와 위상 기울기의 방향이 반대 방향으로 되어 있다면 쌍이 루프를 1회전하였을 때의 위

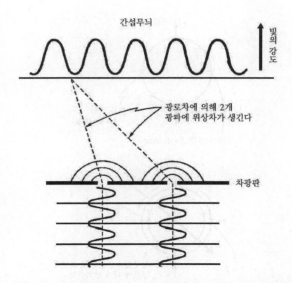

<그림 7-13> 차광판에 2개의 작은 구멍이 뚫어져 있으면 광로차에 의해 위
          상차가 생겨 빛의 강약의 무늬가 생긴다. 이것이 간섭효과에 의
          한 빛의 간섭무늬이다

상의 총변화는

$$\varphi_1-\varphi_2+(\text{위상 기울기}\times\text{루프의 주장})$$

으로 주어진다. 이 위상의 총변화가 자속 양자화의 조건을 만
족하지 않으면 안 된다는 것을 고려하면 루프를 자속 Φ가 관
통하고 있을 때는 두 개 접합의 위상차 사이에 자속 Φ에 비례
하는 차, $\varphi_1-\varphi_2=2\pi\Phi/\Phi_0$가 생긴다는 것을 나타내고 있다. 여
기서 Φ_0는 자속양자 $\Phi_0=h/2e$이다.

 이 결과는 루프를 통과하는 자속 Φ가 자속양자 Φ_0만큼 변
할 때마다 각각의 가닥을 흘러나오는 초전류의 파동의 위상이
2π 비켜난다는 것을 나타내고 있다. 따라서 합류할 때에는 초

198

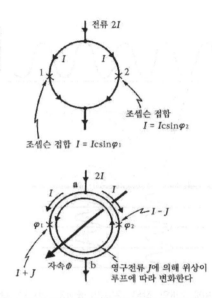

전류 2I

I I

1   2

조셉슨 접합
$I = Ic\sin\varphi_2$

조셉슨 접합 $I = Ic\sin\varphi_1$

2I

a
I I

$I - J$

φ_1 φ_2

$I + J$ 자속 $\varPhi$ b

영구전류 J에 의해 위상이
루프에 따라 변화한다

〈그림 7-14〉 자속 $\varPhi$에 의해 φ_1과 φ_2의 가지(枝)를 흐르는 초전류 a와 b사
이의 위상 변화가 달라진다

전류파가 겹쳐지는 모임은 자속이 제로일 때와 같아진다.

이것에 대해 $\varPhi$가 $\varPhi_0/2$의 홀수 배일 때는 2개 파동의 위상
이 π의 홀수 배만큼 비켜남으로 한쪽 파동의 산 위치에 골짜
기가 합류할 때의 초전류파는 약해진다. 밖에서 흐르고 있는
일정 전류 2I는 변화할 리가 없기 때문에 간섭효과는 접합에
흐르는 초전류의 크기를 결정하는 임계전류 I_c의 주기적 변화
에 나타난다.

이 간섭효과는 1965년 미국의 자동차회사 포드연구소 그룹
에 의해 처음으로 발견되었는데, 그 후 같은 그룹의 중요 멤버
는 임계전류의 주기적 변화를 교묘하게 이용하여 10^{-10}가우스
라는 지구 자기장의 10억 분의 1 정도의 극히 미소한 자기장

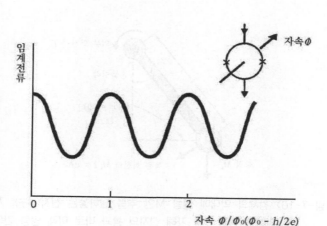

〈그림 7-15〉 자속에 의한 간섭효과

변화를 검출하는 초예민 자력계를 개발하였다. 이 자력계를 **초전도 양자 간섭 디바이스**(Superconducting Quantum Interference Device)의 영어 머리글자를 따서 SQUID(스퀴드)라고 한다. 현재 SQUID는 생체 자기를 포함한 여러 분야에서 이용되고 있으나 이것에 대해서는 나중에 다시 설명하기로 하자.

위상차는 만들어진다

조셉슨의 $I = I_c \sin\varphi$에 의하면 위상차 φ가 있으면 반드시 초전류 I가 흐르고 있는 것이 된다. 그러나 2개의 초전도체를 접합시키는 것만으로 한쪽 방향의 전류가 흐를 리가 없다. 독립된 2개의 초전도체의 위상은 서로 무관하며 임의의 값을 취할 수 있으므로 접합시킨 직후는 보통 위상차가 생기는데, 쿠퍼쌍이 이 위상차를 없애는 방향으로 어느 쪽으론가 이동하기 때문이다. 이 접합을 통해 외부로부터 전류 I가 흐름으로써

200

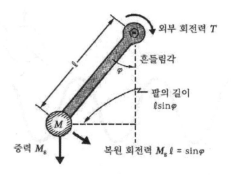

외부 회전력 T

흔들림각 φ

팔의 길이 $\ell \sin\varphi$

중력 M_g

복원 회전력 $M_g \ell = \sin\varphi$

〈그림 7-16〉 강체의 막대에 질량 M인 추를 달아놓은 진자(振子). 지점의 주
위에 회전력 T를 가해 진자의 봉과 바로 아래 방향 간의 흔들림
각이 φ가 될 때까지 회전시킨다

비로소 위상차가 생기게 된다.

전류를 흘림으로써 위상차가 만들어진다는 것은 매우 이해하
기 어려운 일이나 다행히 이해를 돕는 모델이 있다. 지금 강체
막대에 질량 M인 추를 달아맨 **실체(實體) 진자(振子)**를 생각하자.
추에는 중력 M_g(g는 중력 가속도)가 작용하므로, 놓아주면 바로
아래 방향을 향하게 된다. 다음에 진자(흔들이)의 지점 주위에
회전력 T를 가해 진자 막대와 바로 아래 방향 사이의 흔들림
각이 φ가 될 때까지 회전시켰다고 하자. 이 상태에서는 추에
작용하는 중력 때문에 바로 아래 방향($\varphi=0$)의 상태로 되돌려 놓
으려고 하는 반대 방향의 회전력이 생긴다. 지렛대의 원리에 의
하면 이 복원 회전력은 추에 작용하는 중력과 회전하는 지점까
지의 수평거리에 해당되는 길이의 곱으로써 주어진다. 지금 강
체막대의 길이를 ℓ이라고 하면 이 길이는 $\ell \sin\varphi$라는 것을 초
등 삼각법으로 알게 된다. 따라서 바로 아래 방향으로 되돌리는

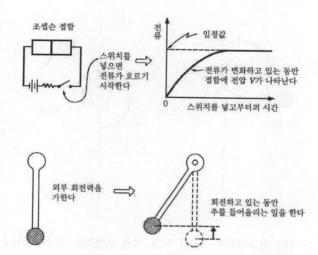

〈그림 7-17〉 흔들림 각이 제로가 아닌 상태까지 추를 들어올리기 위해서는
밖으로부터 일을 하지 않으면 안 된다. 접합에 전류를 흘릴 때
도 전류가 일정값으로 안정될 때까지 매초 IV의 비율로 일이 행
해져, 행해진 일의 분만큼 접합의 에너지는 높아진다

복원 회전력은 $M_g\ell\sin\varphi$가 되며 이것과 흔들림각을 크게 하려
는 외부 회전력 T가 균형이 되는 각도에서 진자는 정지한다.
　이 균형조건 $T=M_g\ell\sin\varphi$에서 외부 회전력을 외부로부터 흐
르는 전류 I로 바꾸어 놓고 복원 회전력의 최댓값 $M_g\ell$을 임
계전류 I_c로 바꾸어 놓으면 조셉슨의 식이 얻어진다.
　그런데 고립된 1개의 초전도체에서는 위상을 균일하게 유지
하는 강한 힘이 작용하고 있다. 만일 균일하지 않다면 위상의
기울기에 따라 전류가 흐르게 되어 쌍의 운동에너지 몫만큼 에
너지가 높아지기 때문이다.
　2개의 초전도체를 접합한 경우도 마찬가지로 쌍의 터널이 허
용되는 한 위상차를 제로로 함으로써 제일 낮은 에너지로 안정

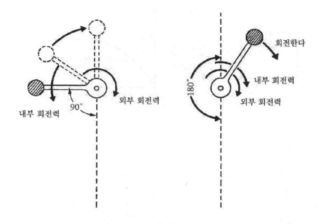

〈그림 7-18〉 흔들림각이 90°가 되면 복원 회전력은 최댓값 Mg ℓ 이 된다.
흔들림각이 90°이상이 되면 복원 회전력은 감소하기 시작한다.
이 때문에 외부 회전력과 균형을 취하지 못하게 되어 흔들림각
은 점점 커진다. 이렇게 하여 외부 회전력이 복원회전력의 최
댓값을 넘게 되면 진자는 빙빙 회전하기 시작한다

된다. 진자의 경우 복원 회전력이 생기는 것도 추가 바로 아래
방향에 있는 흔들림각 제로의 상태가 제일 에너지가 낮기 때문
이다. 흔들림각이 제로가 아닌 상태까지 추를 들어 올리려면
외부로부터 일을 해주지 않으면 안 된다. 접합에 전류를 흘려
보낼 때도 사실은 일을 하지 않으면 안 된다. 이것은 전류를
흘리기 시작한 후 전류가 일정값이 될 때까지, 설사 저항이 제
로라 해도 전류 변화의 비율에 비례하는 전압 V가 **유도**되기 때
문이다. 이 때문에 전류 I가 변화하고 있는 동안, 매초 IV의
비율로 일이 행해져 전류가 일정값으로 안정될 때까지의 시간
이 한 일의 몫만큼 접합의 에너지가 높아진다. 이것은 진자의
추를 어떤 흔들림각에 해당하는 높이까지 들어 올리는 데 필요

한 일에 해당된다.

전류가 일정값으로 안정되면 전압은 제로로 되며, 위상차도 일정값으로 안정되어 전원이 일을 하지 않아도 초전류가 계속하여 흐른다. 이것은 진자에 가해지고 있는 외부 회전력과 복원 회전력이 균형을 이뤄 일정한 흔들림각에서 정지하고 있는 상태에 해당된다. 또 외부 회전력 T를 늘려서 흔들림각 φ가 90°가 되면 복원 회전력은 최댓값 $Mg\ell$에 도달한다. 회전력 T를 더욱 늘려서 흔들림각을 90° 이상으로 하면 복원 회전력 $Mg\ell\sin\varphi$는 감소하기 시작한다. 이 때문에 외부 회전력과 균형을 취하지 못하게 되어 흔들림각 φ는 자꾸 늘어나 $\varphi=180°$에 도달한다. 이것을 넘으면 이번에는 복원 회전력이 외부 회전력과 같은 방향으로 작용함으로 진자의 추는 단번에 다시 바로 아래쪽 방향으로 향하고, 다시 바로 위쪽($\varphi=180°$)까지 들어올려지게 된다. 즉 외부 회전력이 복원 회전력의 최댓값을 넘으면 진자는 빙빙 회전하기 시작한다.

이것은 접합에 흐르는 외부 전류가 임계전류 I_c를 넘은 상태에 대응한다. 이때 어떤 현상이 나타날까?

교류 조셉슨 효과

전류 I가 임계전류 I_c를 넘으면 흔들림각 φ에 해당하는 위상 차가 일정값을 유지할 수 없게 되어 변화하기 시작한다. 지금 위상차가 매초 ω_J의 비율로 변화하고 있다고 하면, t초 때의 위상차는 $\varphi=\varphi_0+\omega_J t$가 된다. 여기서 φ_0는 t=0인 때의 위상차이다. 조셉슨의 식에 의하면 이 경우 $I=I_c\sin(\omega_J t+\varphi_0)$에 따라 진동수 $\nu_J=\omega_J/2\pi$, 진폭이 I_c인 **교류 초전류**가 흐르게 된다. 그런데 접합에 흐르고 있는 전류는 어디까지나 한 방향의 직류 전류이다. 어떻게 해서 교류 초전류가 흐르기 시작하였을까?

지금 진자를 회전시키는 외부 회전력이 SL차의 동륜(動輪)을 회전시키는 것과 같이 적당한 크랭크(crank)메커니즘을 통해 왕복하는 피스톤에 의해 주어지고 있다고 하자. 피스톤에 예를 들어 증기압력을 가하면, 이동하여 진자를 돌리기 시작한다. 이 때 피스톤이 힘을 가해서 일을 하지 않으면 안 되는 것은 진자를 제일 낮은 위치(φ=0°)에서 제일 높은 위치(φ=180°)까지 들어 올리는 반주기이고, 나머지 반주기에서는 회전력이 없어도 진자는 중력으로 제일 아래의 위치로 돌아온다. 이때 피스톤은 본래의 위치로 돌아오게 된다. 즉 최초의 반주기는 피스톤이 진자에 일을 하고, 나머지 반주기에서는 반대로 진자가 피스톤에 일을 하여 제자리로 돌아오게 하는 에너지의 주고받음이 되풀이되면서 진자는 한 방향으로 회전하고 피스톤은 왕복운동을 한다.

이것과 유사한 일이 접합에서 일어난다. 진자의 한 방향으로의 회전은 직류전류에 해당하며 피스톤의 왕복운동이 교류 초전류에 해당한다. 또 직류전류가 계속 흐르기 위해서는 피스톤과 마찬가지로 전원은 반주기마다 한 방향의 일을 하면 된다. 직류전류 I를 흘리는 데에 전원이 일정한 비율로 한 방향의 일을 하고 있다는 것은 일률(率) IV에 해당하는 **직류 전압** V가 접합에 생긴다는 것을 의미한다. 이 전압에 거역하여 전하 $2e$를 갖는 쌍을 한쪽에서 다른 쪽의 초전도체로 이동시키기 위해서는 에너지 $2eV$를 공급하지 않으면 안 된다. 최초의 반주기에 이 에너지를 받아 한쪽 초전도체로 이동한 쿠퍼쌍은 다음의

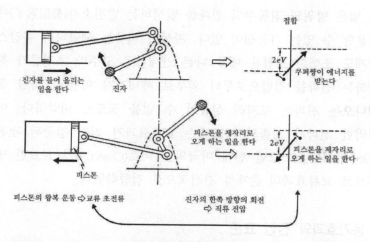

<그림 7-19> 왕복하는 피스톤에 의해 진자를 회전시키는 외부 회전력이 주어
　　　　　진다고 한다. 이것과 유사한 일이 접합에서 일어난다. 진자의 한
　　　　　쪽 방향의 회전은 직류전류에 해당하며 피스톤의 왕복운동은 교
　　　　　류 초전류에 해당한다

반주기에 거꾸로 되돌아와서 받은 에너지를 되돌려 준다. 따라
서 1주기 사이에 소모되는 에너지는 결국 제로이다.
　조셉슨은 이 쿠퍼쌍이 2eV만큼 다른 에너지상태를 왕복할
때의 진동수 ν_J는 $\nu_J=2eV/h$로 주어진다는 것을 지적하였다.
여기서 h는 플랑크 상수이다. 이것은 원자 내 전자가 에너지
가 E만큼 다른 준위 사이를 이동할 때에 복사 또는 흡수하는
빛의 진동수 ν를 주는 식 $\nu=E/h$와 완전히 같으며, 방대한 수
의 쿠퍼쌍이 마이크로 입자와 똑같이 움직이는 매크로 양자화
의 발현이다. ν_J는 조셉슨 진동수라고 하며 1V당 약 500조
Hz($2e/h=4.83\times10^{14}$Hz/Volt)의 값을 갖는다. ν_J는 직류 전압 V
에 비례하므로 조셉슨 접합은 전압을 변화시키는 것만으로 매

206

우 넓은 범위의 진동수의 전파를 발생하는 발진소자(發振素子)에 이용할 수 있는 가능성이 있다. 자세한 이유는 생략하나 유감스럽게도 조셉슨 접합은 매우 나쁜 안테나로 고주파 초전류가 복사하는 전파를 접합으로부터 외부로 빼내기가 어렵고, 약간 흘러나오는 전파는 도저히 실용할 수 없을 정도로 미약하다. 이 미약한 전파가 검출되어 조셉슨 교류효과가 직접 검증된 것은 1965년이나, 그 2년 전에 미국의 샤비로(Chevrel)가 교묘한 방법으로 교류효과의 존재를 간접적으로 검증하였다.

동기효과와 전압 표준

앞 절에서 본 것과 같이 조셉슨 접합에 일정한 직류 전압 V가 나타나 있을 때는 위상차 φ는 일정한 비율 $\nu_J=2ev/h$로 변화하고, 그 결과 $\sin(2\pi\nu_J t)$ 교류 초전류가 흐른다. 지금 직류 전류 V에 겹쳐 진동수 ν_0의 교류 전압을 접합에 가하면, 위상차 변화의 비율이 교류 전압몫에 의해 주기적인 변화를 받게 된다. 이때에 어떤 일이 일어날까?

보통의 경우는 복잡하므로 교류 전압의 진동수 ν_0가 ν_J와 같은 경우를 생각하자. 앞에서 설명한 것과 같이 일정 전압 아래 위상차 $\varphi=0$에서 시작되는 최초의 반주기에서는 쿠퍼쌍은 전압이 낮은 쪽에서 높은 쪽으로 이동하며, 다음의 반주기에는 전압의 낮은 쪽으로 되돌아간다. 만일 교류 전압의 주기적 변화의 위상이 이 위상차의 변화와 일치하면 완전히 같은 비율로 같은 방향으로 쌍을 왕복시키게 된다. 이 결과 진동수 $\nu_J+\nu_0=2\nu_J$를 가진 교류 초전류 성분이 나타난다.

보통 일정 전압 아래에서의 교류 초전류의 위상과 가해지고

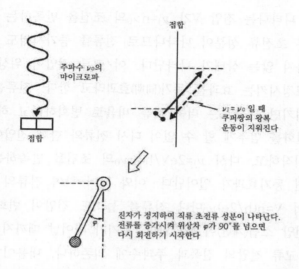

주파수 ν_0의
마이크로파

접합

접합

$\nu_J = \nu_0$ 일 때
쿠퍼쌍의 왕복
운동이 지워진다

진자가 정지하여 직류 초전류 성분이 나타난다.
전류를 증가시켜 위상차 φ가 90°를 넘으면
다시 회전하기 시작한다

〈그림 7-20〉 직류전류 V에 겹쳐 진동수 ν_0의 교류 전압을 조셉슨 접합에 가하는 경우 직류 전압의 값이 조셉슨 진동수 $\nu_J = n\nu_0$가 될 때마다 일정 위상차에 해당하는 직류 초전류가 흐른다

있는 교류 전압의 위상이 일치한다고는 할 수 없으므로, 완전히 반대로 쌍이 전압이 높은 쪽으로 이동할 때 교류 전압이 같은 비율로 저압 쪽으로 밀쳐지고, 저압 쪽으로 되돌아올 때에 고압 쪽으로 밀어 올리는 경우도 있다. 중요한 점은 이 경우 $\nu_J - \nu_0$이 되어 위상차가 시간적으로 변화하지 않기 때문에 일정한 위상차에 해당하는 **직류 초전류**가 흐르게 된다. 이 효과는 직류 전압 V의 값이 조셉슨 진동수 $\nu_J = n\nu_0 (n=0, 1, 2, \cdots\cdots)$가 주어질 때마다 일어난다는 것을 샤비로는 지적하였다.

실제의 실험에서는 접합에 $10^9 Hz$ 정도의 마이크로파를 충돌시킴으로써 교류 전압을 가한다. 한편 접합에는 일정한 직류전압을 가하는 것이 아니고 일정한 직류전류를 흘린다. 임계전류

이상에서 나타나는 전압 V가 $\nu_J = n\nu_0$의 조건을 만족하는 값이 되면 직류 초전류 성분이 나타나므로 전류를 증가시켜도 전압이 변화하지 않는 상태가 나타난다. 이 교류 전압이 위상차의 변화를 고정시키는 효과를 **동기**(同期)**효과**라고 한다. 전류를 더욱 증가시키면 위상차는 더욱 빠른 비율로 변화하려고 하므로 마침내 변화를 멈추게 할 수 없어 다시 전류와 함께 전압이 증가하기 시작하고, 다시 $\nu_J = 2eV/h = n\nu_0$의 조건을 만족하는 전압이 되면 동기효과가 일어난다. 이와 같이 하여 전류의 증가와 더불어 $V = n(h/2e)\nu_0$마다 전류를 늘려도 전압이 변화하지 않는 정전압 스텝(계단)이 나타난다. 동기가 벗어날 때까지의 스텝 폭은 교류 전압의 진폭과 주파수에 의존하나, 내용이 복잡하므로 상세한 것은 생략하겠다.

전자기파의 주파수는 매우 높은 정밀도로 측정할 수 있다. 따라서 동기효과를 이용하면 기본상수 2e/h는 정해져 있으므로 전압 V를 높은 정밀도로 결정할 수 있다. 이것이 전압 표준의 확보라고 하는 매우 중요한 응용을 낳게 하였다.

종래 전압 표준은 각국의 정부 기관(일본에서는 전자총합기술연구소)이 보관하는 표준전지로 확보되어 있었다. 그러나 표준전지는 경년변화(經年變化)도 있어, 어느 정도 시간이 지나면 전압의 값이 근소하지만 변한다. 그래서 3년마다 파리의 국제도량형국에 각국의 표준전지를 가져와서 비교 조절하는 귀찮은 일이 행해져 왔으나 1976년 1월 1일부터 조셉슨 효과를 이용하여 전압 표준이 주어지도록 국제국에서 결정되어, 일본에서도 1977년 이래 전총연에서 이 방식으로 전압 표준이 유지되고 있다. 전압 표준이 확실치 않으면 수많은 전압계의 눈금을 신

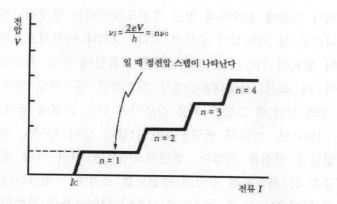

7. 새로운 시대의 개막 209

$$\nu_J = \frac{2eV}{h} = n\nu_0$$

일 때 정전압 스텝이 나타난다

n = 4
n = 3
n = 2
n = 1

I_C

전압 V

전류 I

〈그림 7-21〉 전류의 증가와 함께 일정 전압마다 전류를 증가시켜도 전압이
변화하지 않는 정전압 스텝(단계)이 나타난다

용하여도 좋을지 어떨지를 알 수 없게 되어 사회생활에 주는
영향이 크다. 이 눈에 띄지 않는 응용은 매우 중요한 의의를
갖고 있다.

고자기장 초전도체의 발견

조셉슨 효과는 매우 약한 자기장에 반응한다. 이것과 대조적
으로 초전도는 매우 강한 자기장도 발생된다는 것이 1961년에
발견되었다.

앞서 GL 이론을 사용하여 란다우의 제자 아브리코조프가 경
계에너지가 마이너스인 경우 어떤 자기장으로부터 자기장이 굵
기가 없는 자속선의 모양으로 초전도체에 침입하기 시작한다는
자기적 성질을 논의하였다는 것을 설명하였다. 경계에너지는
코히어런스길이가 침입깊이보다 작아지면 마이너스로 전환된다.
상(常)전자의 평균자유행로가 작아지면 코히어런스길이도 작아지기 때문에 순수하지 않은 초전도체에서는 경계에너지가 마이너스로 될 가능성이 충분히 있다. 그러나 아브리코조프의 논문이 발표된 1957년은 BCS 이론의 출현에 눈을 빼앗겼기도 하여 이 초전도사(超傳導史)에서 대표적인 명논문도 얼마 동안은 '철의 장막'의 그늘에 몸을 감추어야 하는 운명에 놓여 있었다.

1961년, 미국의 벨연구소의 그룹이 당시 누구도 예상할 수 없었던 발견을 하였다. 벨연구소에서는 여러 해에 걸쳐 각종 금속 간 화합물과 합금의 초전도를 조사하고 있었는데, 그중에서 임계온도 T_c가 높은 ($T_c=18K$) 나이오븀과 주석의 화합물, 나이오븀3주석(Nb$_3$Sn)의 전기저항을 $4.2K$에서 측정한 결과, 10만 가우스에 가까운 고자기장까지 저항이 나타나지 않는다는 것을 발견하였다. T_c와 비열의 데이터로부터 구해지는 Nb$_3$Sn의 임계자기장 B$_c$는 2000가우스 정도이므로 그 50배 가까운 자기장까지 초전도성이 유지된다는 것은 아무래도 불가사의하다. 곧 논쟁이 소용돌이쳤다.

초전도막을 자기장의 침입깊이보다 얇게 하면 상전도 상태로 바뀌는 자기장이 임계자기장보다 훨씬 높아진다는 것을 앞에서 설명하였다. Nb$_3$Sn과 같은 금속화합물은 보통 매우 부서지기 쉬워 일반 금속처럼 선상(線狀)으로 가공할 수 없다. 벨연구소의 사람들도 금속통에 Nb$_3$Sn의 가루를 메워넣고, 엿처럼 통마다 선을 뽑아낸 다음, 고온에서 심(芯)에 있는 가루를 소결하였다. 이와 같은 소결체는 보통 결함이 많기 때문에 중간에 고자기장까지 견뎌내는 매우 가는 선이 관통하고 있을 가능성이 있다. 실제로 Nb$_3$Sn의 자화를 측정해 보면 자기장을 높여갈 때와 상전도 상태로부터 내려갈 때의 자화가 달라지고, 자기장을 제로

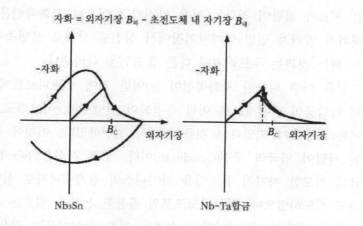

자화 = 외자기장 $B_외$ - 초전도체 내 자기장 $B_내$

〈그림 7-22〉 Nb$_3$Sn의 자화는 자기장을 높여갈 때와 상전도 상태에서 낮춰
       갈 때 자화가 다르다(좌). Nb-Ta 합금의 결함이 적은 단결정의
       초전도 자화곡선(우)은 자기장을 높여갈 때와 낮춰 갈 때도 거의
       같은 곡선을 그린다

로 되돌려도 자화는 제로로 되지 않는다. 앞에서도 설명하였으
나 이것은 결함투성이인 시료의 특징이다.

  그러나 전후 금속을 정제하는 기술이 급격하게 진보하여
Nb(나이오븀)과 같이 녹는점이 높은 난용(難融) 금속도 순도가
높은 것이 얻어지게 되었다. 다음 해인 1962년, 영국의 그룹이
Nb과 Ta(탄탈럼) 합금의 결함이 적은 단결정을 제조하여 초전
도 자화곡선을 측정한 결과, 임계자기장보다 약간 낮은 자기장
으로부터 자기장이 최초에는 급속히 침입하고, 이후는 천천히
계속 침입하여 임계자기장보다 훨씬 높은 자기장에서 연속적으
로 상전도 상태로 옮겨지며, 그곳에서부터 자기장을 낮춰가면
거의 같은 곡선을 따라가 자기장 제로에서 자화가 제로인 상태
로 되돌아간다는 것을 발견하였다. 자화곡선에 이력이 없는 것

은 시료가 결함이 적다는 것을 가리키고 있으나 자화곡선은 그 때까지 알려져 있던 임계자기장에서 상전도 상태로 불연속적으로 튀는 것과는 두드러지게 다른 움직임을 나타낸다.

실은 아주 비슷한 자화곡선이 30여년 전에 슈브니코프에 의해 납합금이 단결정으로 이미 측정되어 있었으며, 아브리코조프 이론의 동기가 되었다는 것을 앞에서 설명하였다. 이것에 주목한 사람이 영국의 굿맨(Goodman)이다. 굿맨 자신은 Nb-Ta합금의 기묘한 자기적 움직임을 마이너스의 경계에너지로 설명하려고 시도하였으나, 아브리코조프의 훌륭한 논문을 읽고는 자기 학설을 버리고 이것이야말로 정곡을 찌른 학설이라는 것을 간파하였다.

이렇게 하여 아브리코조프가 주장한 **제2종 초전도**가 서양쪽에서 '재발견'되어 그 기초가 된 GL 이론이 일약 각광을 받게 되었다.

자속양자선이 침입한다

경계에너지가 마이너스인 초전도체에서는 어떤 자기장 B_{c1}(**하부 임계자기장**이라고 함)으로부터 한 가닥의 두께가 없는 자속선의 형태로 침입하기 시작한다는 아브리코조프의 착상은 하늘의 계시라고밖에는 표현할 수가 없다. 자속선이 통과하는 장소에서는 GL의 질서파라미터 Ψ는 제로로 되어 있으며, 자속선으로부터 Ψ가 변화하는 고유길이(코히어런스길이) ξ에 걸쳐 Ψ는 본래의 값 Ψ_0로 돌아와 있다. 따라서 자속선을 중심으로 반경 약 ξ의 영역은 초전자의 응축에너지를 잃어버리고 있으며 그 몫만큼 에너지가 높아져 있다. 한편 자속선 주위에는 침입깊이 λ에 걸쳐 자기장이 존재한다. 따라서 반경 약 λ에 걸쳐 자기에너지가 내려가 있다. 그러나 자속선이 있으면 전자기학의 기본법칙에 따라 자기장이 존재하는 반경 약 λ의 영역에 자속선을 둘러싸고 초전류가 소용돌이 모양으로 흐르고 있지 않으면 안 되기 때문에, 이 소용돌이 운동에 수반되는 초전자의 운동에너지 몫 만큼 에너지가 높아져 있다. λ는 ξ보다 크므로 자기에너지의 저하 몫은 응축에너지를 잃어버림에 따른 에너지의 증가분보다 크나, 자기장이 작은 동안에는 와전류(Eddy Current)의 에너지가 우월하여 자속선의 침입을 막는다. 그러나 자기장에 의한 자기에너지의 저하는 마침내 와전류에너지를 상회하게 되어, 어떤 자기장을 넘으면 자속선을 통과시키는 편이 이득이 된다는 것을 아브리코조프는 지적하고, 최초에 한 가닥의 자속선이 침입하는 하부 임계자기장 B_{c1}이 $\lambda \gg \xi$일 때에는 근사적으로 $B_{c1} \sim (h/q)/\pi\lambda^2$로 주어진다는 것을 지적하였다($\lambda \gg \xi$는 λ가 ξ보다 충분히 크다는 것을 의미함).

여기서 h/q는 아브리코조프가 구한 자속선의 자속의 크기이나, GL이 가정한 초전자의 전하 q를 쿠퍼쌍의 전하 $2e$로 바꿔 놓은 $h/2e$는 자속양자 Φ_0 바로 그것이다. 자속 양자화는 초전도체로 둘러싸인 자속은 반드시 Φ_0의 단위로 양자화되어 있다는 것을 나타내고 있으므로, 초전도체를 관통하고 있는 자속선이 자속양자의 크기를 갖고 있다는 것은 오늘날에 와서는 당연한 것같이 생각되나, 자속 양자화의 사실이 알려져 있지 않았던 당시 아브리코조프가 구한 B_{c1}은 GL방정식을 풀지 않아도 추정할 수 있다. 자속의 정의로부터 $B_{c1}\pi\lambda^2$은 대체로 한 가닥의 자속선의 자속 Φ_0과 같지 않으면 안 되기 때문이다.

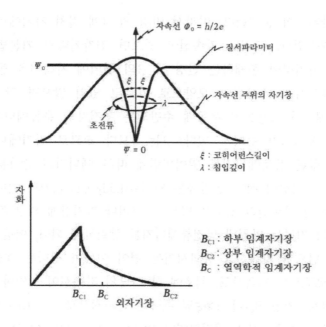

자속선 $\Phi_0 = h/2e$

질서파라미터

Ψ_0

ξ ξ

자속선 주위의 자기장

λ

초전류

$\Psi = 0$

ξ : 코히어런스길이
λ : 침입깊이

자화

B_{C1} : 하부 임계자기장
B_{C2} : 상부 임계자기장
B_C : 열역학적 임계자기장

B_{C1} B_C 외자기장 B_{C2}

〈그림 7-23〉 하부 임계자기장 B_{c1}에서 자속양자 Φ_0의 크기를 갖는 자속선
이 한 가닥 침입한다

아브리코조프가 구한 해를 보통의 임계자기장 B_c를 사용하여
더 정확히 나타내면 $B_{c1}=(B_c/\sqrt{2}\,\kappa)\ln\kappa$이다. 여기서 κ는 앞에
서 설명한 GL 파라미터 $\kappa=\lambda/\xi$이다. 이 해는 $\lambda\gg\xi$, 따라서 κ
$\gg$1인 때의 근사해로서 κ가 작아지면 성립되지 않게 되나, 아
무튼 $\lambda>\xi$의 경우를 고려하고 있으므로 B_{c1}은 B_c보다 항상 작
다는 것을 알 수 있다. 다른 종류의 임계자기장이 등장하였기
때문에 초전도 응축에너지를 나타내는 보통의 임계자기장 B_c에
는 **열역학적 임계자기장**이라는 이름이 붙여졌다.

혼합상태와 상부 임계자기장

일단 자속선의 침입이 가능하게 되면 자기에너지를 낮추기 때문에 자속선이 둑이 무너지듯 단번에 침입하는 듯이 생각되나, 실제로는 자속선의 가닥 수가 늘고, 자속선 간격이 침입깊이 λ 정도가 되면 급격한 침입에 제동이 걸린다. 이것은 자속선의 주위를 소용돌이 모양으로 흐르고 있는 초전자가 인접하는 자속선의 자기장에 의해 전류와 자기장의 곱에 비례하는 힘을 받기 때문이다. 이 힘은 인접하는 자속선을 물리치는 자속선 간의 반발력으로 나타난다. 이 반발력은 자속선 간격이 작아질수록 강해지므로 마치 공기 주입기로 용기에 공기를 불어넣을 때, 내압이 높아지면 큰 힘이 필요한 것처럼 반발력에 의한 내압을 극복하기 위해서는 보다 큰 자기장이 필요하게 된다. 이 때문에 자기장에 의한 자속선의 증가는 완만하게 된다.

더욱 자기장을 높여가면 내압에 대항하여 자속선이 증가하여 마침내는 자속선 간격이 코히어런스길이 ξ 정도까지 좁혀진다. 이것이 거의 한계가 된다. 그 이유는 질서파라미터 Ψ는 ξ 이하의 범위에서 변화할 수 없기 때문에, 이 이상 자기장을 가해 자속선 밀도를 증가시키면 질서파라미터의 크기 자체가 작아지지 않을 수 없게 되며 마침내는 $\Psi = 0$의 상전도 상태로 이동하기 때문이다. 이때의 자기장 B_{c2}를 **상부 임계자기장**이라고 한다.

자속선 간격이 ξ 정도일 때 자속밀도(단위 면적당의 자속)는 약 $\Phi_0/\pi\xi^2$으로 주어진다. 자속밀도는 곧 자기장이므로 상부 임계자기장은 약 $B_{c2} \sim \Phi_0/\pi\xi^2$으로 주어진다. 아브리코조프가 GL방정식으로부터 구한 답은 $B_{c2} = \Phi_0/2\pi\xi^2$이다. 이 답은 열역학적 임계자기장 B_c와 GL파라미터 κ를 사용하여 $B_{c2} = \sqrt{2}\,\kappa B_c$

216

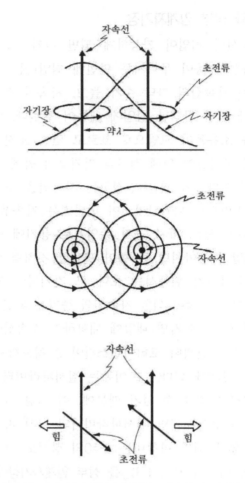

〈그림 7-24〉 위에서 보면 자속선을 중심으로 초전류가 소용돌이 모양으로 흐르고 있다

로 나타낼 수 있다. 앞에서 GL 등이, κ가 $1/\sqrt{2}$보다 커지면 경계에너지가 마이너스로 전환한다는 것을 지적하였다는 것을 설명하였으나, 아브리코조프의 답은 이것을 반영하여 $\kappa = 1/\sqrt{2}$

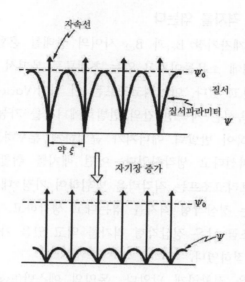

<그림 7-25> 자속선 간격이 코히어런스길이 ξ 이하가 되면 질서파라미터는 변화할 수 없게 되어 작아지며 상전도 상태로 이동한다. 이때 자기장 B_{c2}를 상부 임계자기장이라고 한다

을 경계로 하여 B_c보다 큰 B_{c2}가 나타난다는 것을 지적하였다.

κ가 $1/\sqrt{2}$보다 작을 때는 B_{c2}가 B_c보다 작아지는 것이 아닌 $\kappa < 1/\sqrt{2}$인 초전도체는 플러스의 경계에너지를 갖기 때문에 아브리코조프 이론의 대상 외이며, 종래부터 알려져 있던 것과 같이 하나의 임계자기장 B_c에서 마이스너 효과가 깨져 불연속적으로 상전도 상태로 이동한다. 제2종 초전도체에 대해 전부터 알려져 있던 플러스의 경계에너지를 갖는 초전도체를 **제1종 초전도체**라고 부르고 있다.

218

자속선은 격자를 엮는다

2개의 임계자기장 B_{c1}과 B_{c2} 사이의 상태를 혼합상태, 또는 자속선 주위에 소용돌이치고 있는 초전류를 본떠서 **와사(渦糸)상태**라고 일컫고 있다. 아브리코조프는 이 와사(Vortex Line)상태에서는, 자속선은 자속선 간의 반발력에너지를 가능한 한 작게 하도록, 더욱이 반발력 에너지가 균일하게 분포하도록 규칙정연하게 늘어선다고 생각하였다. 어떤 배치를 취할지는 알 수 없으나 아브리코조프는 직감력을 발휘하여 가장 대칭성이 좋은 정방형 또는 정삼각형 격자를 엮는다고 생각하고, 그중 반발력 에너지가 조금 낮은 정삼각형 격자를 엮고 있을 가능성이 높다는 것을 지적하였다.

이 직감은 정확하게 맞았다. 독일의 에스만(Essmann) 등이 와사상태에 있는 납합금 시료의 표면에 철의 아주 미세한 가루를 흩뿌려 놓고 전자현미경 사진을 찍어본 결과, 자속선이 통과하고 있는 장소로 흡인된 쇳가루가 정확히 정삼각형 모양으로 늘어서 있는 아름다운 상이 얻어졌다. 자속선의 모양으로 자기장이 침입할 것이라는 통찰로부터 시작한 아브리코조프 이론의 멋있는 결과이다.

액체헬륨은 약 $2K$ 이하에서 점성이 없어져 어떤 가는 구멍이라도 관통할 수 있는 초유동 상태로 옮겨진다는 것이 알려져 있다. 란다우는 이 액체의 초전도라고도 할 수 있는 현상에도 흥미를 갖고 노벨상으로 연계된 중요한 공헌을 하였는데, 그 무렵 초유동 헬륨 속에 생기는 와사를 논한 소립자이론으로 유명한 파인먼(Feynmen)의 논문에 감명을 받았다. 아브리코조프는 은사 란다우에게 자속선의 이야기를 처음으로 하였을 때 말

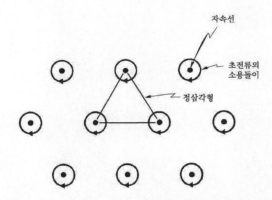

자속선

초전류의
소용돌이

정삼각형

〈그림 7-26〉 와사상태(渦糸狀態)에서의 자속선의 정삼각형 격자

도 안 되는 생각이라고 꾸중을 듣고 모처럼의 논문도 서랍 속
에 다시 집어넣었다고 회고하고 있다. 그 후 파인먼의 논문에
감명을 받은 은사에게 왜 파인먼의 와사를 인정하면서도 저의
와사를 인정해 주지 않으시는가 하고 힐문하였다. 이번에는 란
다우도 반대하지 않고 유용한 충고도 해주어, 자신의 GL 이론
에 빛을 주게 된 획기적인 논문이 겨우 빛을 보게 되었다는 에
피소드가 있다.

이렇게 하여 BCS 이론에 연이어 Nb_3Sn의 이상한 성질에서
발단한 제2종 초전도의 '재발견'과 조셉슨 효과의 발견은 초전
도를 다양성 있는 보다 다채로운 것으로 만드는 동시에 초전도
응용 시대의 막을 열게 되었다.

8. 응용의 시대

초전도는 쓸모가 있는가?

초전도 정도의 특이한 현상이 쓸모없을 리가 없다. 금방 각종 응용이 떠오르나, 극저온을 필요로 하는 불리한 조건이 있기 때문에 특이성을 충분히 발휘하기 위해서는 지혜를 짜내지 않으면 안 된다.

1956년 미국의 버크(Burke)가 크라이오트론(Cryotron)을 발명하였다. 크라이오트론은 임계온도 부근에서는 약한 자기장에서 초전도가 깨뜨려지고, 제로저항에서부터 유한저항으로 재빠르게 전환하는 것을 이용한 스위치 소자이다. 발명 당시 커다란 기대를 걸었던 크라이오트론도 마침내 성능에 한계가 있어, 당시 파죽지세로 개발이 진행되고 있던 반도체 소자에 대항할 수 없다는 것이 분명해져 개발의 막은 허무하게 내려졌다.

초전도는 극저온 현상이다. 따라서 응용 분야가 있다면 미소한 에너지 처리를 대상으로 한 응용일 것이라는 것이 많은 사람들이 일치하여 품고 있던 생각이다. 그 유력한 후보인 크라이오트론의 실용화가 가망이 거의 없어졌을 당시, 극저온으로 냉각시키지 않으면 안 된다는 핸디캡을 지닌 초전도 응용의 전망은 결코 밝지는 못했다.

거기에 나타난 것이 고자기장 초전도체 Nb_3Sn(나이오븀3주석)의 발견이다. 이 발견은 초전도는 극히 작은 에너지를 대상으로 한 응용으로밖에 이용할 수 없다는 통념을 깨뜨렸다. Nb_3Sn을 사용하면 오네스의 꿈이었던 10테슬라(Tesla는 자기장의 국제단위로 1테슬라는 1만 가우스에 해당한다)의 강자기장을 발생하는 초전도 코일이 실현될 수 있는 것이 아닐까 하는 커다란 꿈에 부풀었다.

이를 뒤쫓듯 조셉슨 효과가 발견되었다. 이쪽은 너무나도 특이한 효과였기 때문에 곧 응용으로 연결되지는 않았으나 이윽고 SQUID가 개발되어 전압 표준으로의 이용을 향한 기초 연구도 시작되었다. 1967년, IBM의 마티아스(Matthias)가 조셉슨 접합으로 초전류가 흐르고 있는 제로 전압의 상태로부터 임계 전류 이상의 유한 전압상태로 스위치하는 시간이 당시의 반도체 소자의 스위치 시간보다 세 자릿수나 빠른 피코 초(10^{-12}초) 정도라는 것을 발표하였다. 크라이오트론과는 전혀 다른 원리인 스위치 소자가 되살아난 것이다. 곧 IBM에서 조셉슨 접합을 컴퓨터에 사용하는 대규모 개발 연구가 시작되었다.

이렇게 하여 꿈으로만 생각되었던 초전도의 대전력으로의 응용과, 본래의 극히 미소한 신호를 대상으로 한 양극단으로의 응용 연구가 시작되어 장밋빛 꿈이 그려지기 시작하였다. 그러나 현실은 냉엄하여 응용으로의 길은 결코 평탄하지 않았다.

자속선은 움직인다

먼저 초전도 자석의 이야기를 하자. 초전도선으로 코일을 감으면 자기장은 코일의 축 방향에 생긴다. 따라서 초전도 코일에 흐르고 있는 전류와 수직 방향에 코일 내의 자기장이 가해지게 된다. 나이오븀(Nb)과 같은 결함이 적은, 이상에 가까운 제2종 초전도체에서, 흐르는 전류와 수직으로 자기장을 걸어주는 기초적 실험이 행하여졌으나 Nb_3Sn과는 달리 하부 임계자

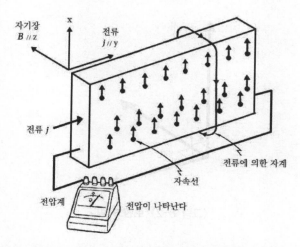

〈그림 8-1〉 전류(j)가 흐르고 있는 초전도체의 주위에는 전류의 방향과 오른
나사의 관계에 있는 자기장이 생기고 있다. 이 자기장이 가해지
고 있는 수직 자기장과 겹치며 도체의 한쪽 자기장이 강해진다.
이렇게 하여 자속선이 전류와 수직으로 움직이기 시작한다

기장 B_{c1}을 넘으면 저항이 나타난다는 것을 발견하였다. B_{c1}은
열역학적 임계자기장 B_c보다 더 낮다. 이것으로는 강자기장이
라고 할 수 없다.

전류가 흐르고 있는 초전도체 주위에는 앙페르의 법칙에 따
라 전류 방향과 오른나사의 관계에 있는 자기장이 생긴다. 이
자기장이 가해지고 있는 수직 자기장과 겹치기 때문에 도체의
한쪽 자기장이 강해진다. 이 때문에 B_{c1} 이상의 와사상태에서
는 도체의 한쪽 자속선 밀도가 커진다. 이 상태에서는 자속선
밀도를 균일하게 하려는 작용이 나타나 자속선을 전류와 수직
인 가로 방향으로 밀어낸다. 이것은 본래는 쌍의 전류와 자속
선의 모양으로 침입하고 있는 자기장 사이에 작용하는 쌍전류

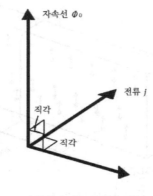

<그림 8-2> 로렌츠 힘

와 자기장 쌍방에 수직인 로렌츠 힘에 의한 것이다. 이 힘으로 쌍이 한쪽으로 밀려 치우치면 전하 밀도의 차이가 생겨 가로 방향에 전위차가 생기게 되나, 초전도 내에 전위차(전압)가 생길 리 없다. 따라서 쌍은 똑바로 계속하여 흐르나, 작용과 반작용의 법칙에 따라 자속선이 전류와 수직으로 초전도체를 가로지르듯 움직이기 시작한다.

조셉슨 접합에서 전류가 임계전류를 넘으면 위상차가 매초 ν_J의 비율로 변화하여 $V=(h/2e)\nu_J$에 따라 전압 V가 나타난다는 것을 7장에서 설명하였다. 그런데 패러데이의 법칙에 의하면 자속이 변화하면 전압이 유도된다. 조셉슨의 식에서 h/2e는 자속양자 Φ_0 바로 그것이다. 따라서 접합에 나타났던 직류 전압 V는 단위 Φ_0의 자속이 매초 ν_J의 비율로 **한 방향으로 변화**하고 있기 때문에 유도된 전압이라고 해석할 수 있다. 이 한 방향의 자속 변화는 매초 ν_J의 비율로 자속양자선이 접합을 전류 방향과 수직으로 가로지름으로써 생기는 것이다. 와사상태에서의

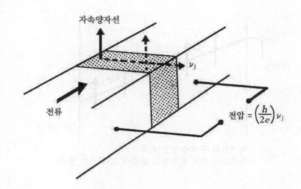

〈그림 8-3〉 접합에 전압 $V = \dfrac{h}{2e} \nu_J$가 나타나 있는 상태에서는 자속양자 $h/2e$ 크기의 자속선이 매초 ν_J의 비율로 접합을 한쪽 방향으로 통과하고 있다

자속양자선이 전류를 가로지르기 시작하면 같은 현상이 일어난다. 접합에서가 아니고 초전도체 자체를 많은 자속양자선이 가로지르기 시작하므로 전류 방향의 시료 양끝에 조셉슨의 식에 따라 전압이 나타나 마치 저항을 가진 상태처럼 된다. 이것을 **자속 플로우(Flow)저항**이라고 한다.

그러면 Nb_3Sn에서 상부 임계자기장에 가까운 고자기장까지 저항이 나타나지 않는 것은 무엇 때문일까?

자속의 피닝(Pinning)

Nb_3Sn과 같은 화합물 초전도체는 결함이 적은 순수한 시료를 만들기가 어렵다. 결함이 많은 시료는 임계온도 이하가 되어도 초전도 상태로 되지 않는 부분이 체적 비율로 보면 근소하나 잘게 많이 남는다. 이 상전도 상태로 남아있는 부분은 자

226

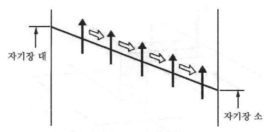

자기장의 구배가 있으면 자속선은
자기장이 작은 방향으로 움직여 간다(자속 플러)

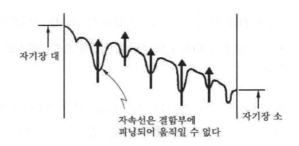

자속선은 결합부에
피닝되어 움직일 수 없다

〈그림 8-4〉 자속 풀러(상)와 자속의 피닝(하)

기장이 통과하기 쉽기 때문에 와사상태로 전류를 흘리면 자속
선은 소위 이 함정과 같은 부분에 걸려 움직이지 못하게 된다.
이것을 자속의 **피닝**(Pinning)이라고 하며, 함정을 **피닝의 중심**이
라고 한다.

　함정이 깊으면 깊을수록 자속선 운동을 저지하는 피닝의 힘
은 크다. 자속선을 움직이는 힘은 흐르고 있는 전류에 비례하
기 때문에 전류가 증가하여, 자속선에 가해지는 힘이 피닝의
힘 정도로 되면 자속선은 함정에서 해방되어 갑자기 움직이기
시작하여 자속 플로우저항이 나타난다.

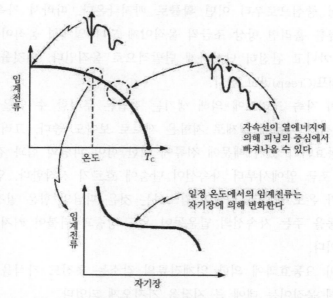

〈그림 8-5〉 자속선이 움직이기 시작할 때의 임계전류는 온도가 높아지면 감소하며 일정 온도에서는 자기장에 의해 변화한다

이 자속선이 움직이기 시작할 때의 **임계전류**는 온도가 높아지면 감소하여 임계온도에서 제로로 된다. 이것은 자속선이 피닝의 중심에 빈틈없이 정지되어 있는 것이 아니라 열운동 때문에 항상 함정에서 빠져나오려고 발버둥 치고 있기 때문이다. 콩을 넣은 구멍이 많이 뚫린 판자를 상상해 보자. 판자를 어느 정도 이상 기울이면 콩은 구멍에서 빠져나와 미끄러져 떨어진다. 전류가 자속선을 움직이게 하려는 힘은 이 판자를 기울이게 하는 역할을 하고 있다. 콩이 미끄러져 나올 정도로 판자를 기울이지 않아도, 판자를 흔들면 구멍에서 튀어나오는 콩이 있다. 마찬가지로 전류를 어느 정도 크게 하면 열진동에 의해 자속선이

피닝 중심으로부터 어떤 확률로 빠져나온다. 따라서 자속선은 전류를 흘리면 항상 조금씩 움직이게 되나 일제히 움직이는 것은 아니고 완전히 난잡하게 단발적으로 움직인다. 이것을 **자속 크리프**(Creep)라고 한다.

이 자속 크리프에 의해 생기는 전압은 무시할 수 있을 정도로 작기 때문에 실제로 저항은 제로로 보아도 좋다. 그러나 이 요동효과가 있기 때문에 전류에 의한 힘이 피닝의 힘과 같아지는 조금 앞에서부터 자속선이 단숨에 흐르기 시작한다. 임계전류가 온도 상승과 더불어 감소하는 것은 피님의 힘은 일정해도 요동을 주는 자속선의 열운동이 온도 상승과 더불어 커지기 때문이다.

이 요동효과에 의한 임계전류의 감소는 초전도 자석을 안정하게 움직이는 데에 큰 지장을 가져오게 되었다.

변덕스러운 초전도 자석

초전도 자석이 개발되기 시작한 무렵 작은 시료로 측정한 임계전류 I_c보다 훨씬 낮은 전류에서 자석이 갑자기 상전도화하는 현상이 보였다. 초전도 자석의 퀜칭(Quenching)이라고 부르는 이 현상은 매우 변덕스러워 여자(勵磁, 코일에 전류를 흘림)속도 등에 의해서도 언제 어느 정도의 전류에서 일어나는지 알수 없다. 이래서는 초전도 자석을 안심하고 사용할 수 없다.

혼합상태에서는 마이너스 상태와는 달라서 초전도체의 자기장을 제로로 유지하는 마이너스 전류는 흐르지 않는다. 그러나 자속이 피닝이 되어 있으면 실제로는 저항 제로인 완전 도전성이 유지되어 있기 때문에 자기장 변화를 차폐하여 내부의 자기

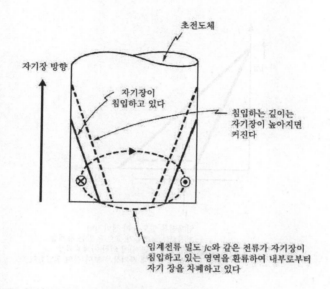

초전도체

자기장 방향

자기장이
침입하고 있다

침입하는 깊이는
자기장이 높아지면
커진다

임계전류 밀도 j_c와 같은 전류가 자기장이
침입하고 있는 영역을 환류하여 내부로부터
자기 장을 차폐하고 있다

〈그림 8-6〉 임계상태 모델

장을 일정하게 유지하는 초전류가 표면에 흐를 것이다. 그러나
실제로는 자기장을 변화시키면 침입하고 있는 자속선의 수가
변화하고 그것에 비례하여 초전도 내의 자기장도 변화한다. 다
행히도 이 일견 모순된 복잡한 정황을 비교적 간단히 설명하는
모델이 있다.

 자속선이 움직일 수 없는 상태에서는 초전도체 표면에 흐르
는 차폐전류의 전류밀도(단위 단면적을 가로지르는 전류)는 항상
임계전류 밀도 j_c와 같은 일정값을 가지며, 자기장을 증가시키
면 차폐전류가 흐르고 있는 표면층의 두께가 커진다는 것이 이
모델이다. 차폐효과는 전체 전류(전류밀도×전류가 가로지르는 단
면적)로 결정되므로 표면층의 두께가 커지면 차폐효과도 증가하
나, 그 대신 자기장이 침입하고 있는 영역이 커지므로 초전도

230

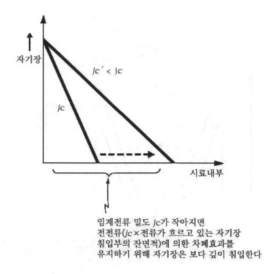

자기장

jc′ < jc

jc

시료내부

임계전류 밀도 jc가 작아지면
전전류(jc×전류가 흐르고 있는 자기장
침입부의 잔면적)에 의한 차폐효과를
유지하기 위해 자기장은 보다 깊이 침입한다

〈그림 8-7〉 초전도 자석의 코일선 일부의 온도가 높아지면 임계전류
밀도가 감소하며 자기장이 약간 내부까지 침입한다

체 내의 자기장도 증가하게 된다. 이 모델을 **임계상태 모델**이라
고 하며 피닝의 힘이 강한 불균질 제2종 초전도체의 자기적 성
질을 잘 설명하고 있다.

지금 초전도 자석 코일의 일부가 어떤 원인으로 온도가 약간
상승하였다고 하자. 온도가 올라가면 임계전류 밀도 j_c가 감소
하므로, 자기장의 차폐효과를 유지하기 위해 자기장이 약간 내
부까지 침입하여 차폐전류가 흐르고 있는 표면층을 두껍게 한
다. 이때 자속이 순식간에 내부로 향해 움직이므로 전압 V가
유도되어 j_cV의 비율로 줄(Joule)열이 발생한다. 이 줄열에 의해
그 부위의 온도가 더욱 올라가 j_c가 감소하기 때문에 자속이 더
욱 침입한다.

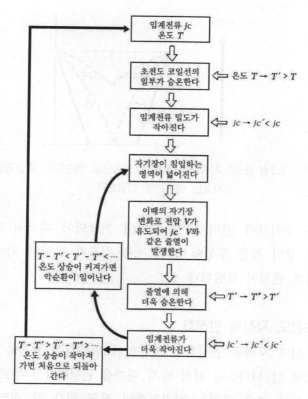

〈그림 8-8〉 불균질 제2종 초전도체의 자기적 성질

만일 그때마다 온도 상승이 차츰 작아진다면 사태는 마침내 안정되나, 그렇지 않은 경우에는 자속이 단번에 내부로 침입하여 상전도화하는 파국을 맞게 된다. 이 자속이 단번에 침입하는 현상을 **자속 점프**(Jump)라고 한다.

실용 초전도 선재(線材)는 피닝의 힘을 강하게 하기 위해 일부러 결함을 크게 하고 있기 때문에 상전도 저항이 크다. 이 때문에 상전도화한 부위에 대전류가 흐르면 급격히 온도가 올

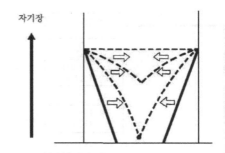

자기장

〈그림 8-9〉 자속 점프: 온도 상승으로 악순환이 촉발되면
자속은 한꺼번에 침입한다

라가 순식간에 열이 코일 전체에 전달되어 자석이 퀜칭한다.
이와 같이 작은 부위에 생긴 자속 점프가 발판이 되어 초전도
자석의 퀜칭이 유발된다.

초전도 자석의 안정화

초전도 자석을 안심하고 사용하기 위해서는 퀜칭을 방지하지
않으면 안 된다. 이 퀜칭 방지 대책을 **안정화**라고 부르고 있다.

순도가 높은 구리는 전기저항이 작고 열을 잘 전달한다. 따
라서 초전도 선재 표면을 구리에 덮으면 자속 점프가 일어나
상전도화된 부위에서는 전류의 대부분은 높은 저항을 가진 선
재를 피하여 저항이 낮은 구리로 분리되어 흐른다. 이 때문에
저항에 비례하는 줄열이 억제된다. 구리는 열을 잘 전달하기
때문에 구리에 발생된 열은 재빨리 초전도 코일을 냉각시키고
있는 액체헬륨으로 빠져나가 상전도화된 부분은 다시 냉각되어
초전도 상태로 되돌아간다.

이와 같이 자속 점프가 일어나면 곧 그 자리에서 치료하여

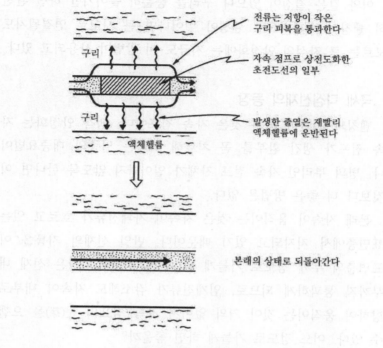

전류는 저항이 작은
구리 피복을 통과한다

자속 점프로 상전도화한
초전도선의 일부

발생한 줄열은 재빨리
액체헬륨에 운반된다

구리

구리

액체헬륨

본래의 상태로 되돌아간다

〈그림 8-10〉 냉각 안정화

퍼져 나가는 것을 방지함으로써 초전도 자석을 안정화하는 방
법을 **냉각 안정화**라고 부른다. 냉각 안정화의 결점은, 병의 원
인의 완치가 보장되기 위해서는 초전도 선재의 10배에서 30배
인 체적의 구리로 피복하지 않으면 안 된다는 점이다. 이 때문
에 선재의 전단면에서 초전도재가 차지하는 면적은 1할에 못
미치게 되며, 선재의 단위 단면적당 흘릴 수 있는 초전류의 유
효 전류밀도가 그만큼 작아진다. 따라서 대전류를 흘리는 데에
는 필요 이상의 굵은 선재를 사용하지 않으면 안 되며 자석의
몸체가 커짐과 동시에 중량이 커진다.

이와 같은 결점이 있으나 구리를 충분히 붙이기만 하면 완전히 퀜칭이 방지되므로 퀜칭이 일어나면 큰 사고로 연결될지도 모르는 큰 자석의 안정화에는 지금도 이 방법이 사용되고 있다.

극세 다심선재의 등장

퀜칭의 원인이 되는 것은 자속 점프이다. 냉각 안정화는 자속 점프가 생긴 환부를 곧 치료해 버리는 일종의 대증요법이나, 병의 뿌리인 자속 점프 자체가 일어나지 않도록 한다면 이것보다 더 좋은 방법은 없다.

본래 자속이 움직이는 것은 자속이 차폐전류가 흐르고 있는 표면층에서 저지되고 있기 때문이다. 만일 선재의 지름을 이 표면층의 두께 정도로 가늘게 할 수 있다면 자기장은 선재 내부까지 통과하게 되므로, 임계전류가 감소해도 자속이 내부로 향하여 움직이는 것이 거의 없어져 자속 점프의 눈(芽)을 으깰 수 있다. 어느 정도로 가늘게 하면 좋을까?

자속이 다소 움직여도 그것에 의한 선재의 온도 상승이 최초의 온도 상승보다 작다면 자속 점프는 파국에 이르는 악순환을 끊을 수 있다. 이 조건을 만족시키는 선재의 지름은 임계전류와 임계전류의 온도 변화의 비율, 그것에 발생열에 대한 선재의 온도 상승의 비율을 나타내는 선재의 비열용량으로 결정된다. 이 외의 계산에는 선재의 열전도율, 상전도 저항 등의 데이터가 필요하나 자세한 것은 생략하고 결론만 말하면, 앞에서 기술한 조건을 만족하는 선재 지름의 상한은 비열이 크고 임계전류와 임계전류의 온도 변화의 비율이 작을수록 크다.

현재 많이 사용되고 있는 나이오븀(Nb)과 타이타늄(Ti)의 합

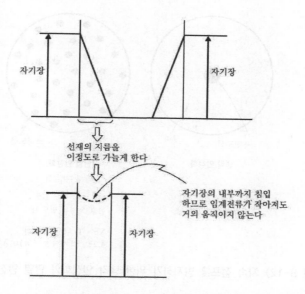

자기장

자기장

선재의 지름을
이정도로 가늘게 한다

자기장의 내부까지 침입
하므로 임계전류가 작아져도
거의 움직이지 않는다

자기장

자기장

〈그림 8-11〉 선재의 지름을 차폐전류가 흐르고 있는 표면층의 두께 정도로
가늘게 할 수 있으면 자속 점프의 싹을 으깰 수 있다

금 선재를 $4.2K$에서 사용하는 경우를 예로 들면, 선재의 지름
을 2×10^{-3} ㎝(20마이크론) 이하로 하면 5테슬라에서 자속 점프
가 일어나지 않는 조건이 만족된다.

1960년대 말경에 이와 같은 극세 선재 수백 개에서 수천 개
를 구리에 끼워 넣은 극세 다심선재(極細多芯線材)가 만들어지게
되었다. 이 경우 구리는 자속 점프가 일어난 다음의 조치 때문
에 있는 것이 아니고 구조 모재(母材)의 역할을 하고 있으므로
소량으로 된다. 구리와 초전도 선재의 체적비를 **동비**(銅比)라고
한다. 앞 절에서 설명한 냉각 안정화의 경우는 동비가 10에서
30 정도였으나 극세 다심선에서는 동비는 1 정도가 되므로 같

236

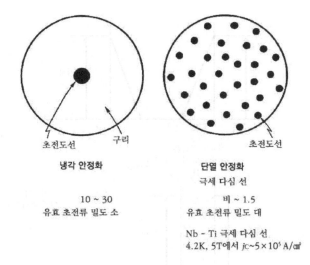

초전도선   구리   초전도선
     냉각 안정화   단열 안정화
                                        극세 다심 선

        10 ~ 30   비 ~ 1.5
   유효 초전류 밀도 소   유효 초전류 밀도 대

                              Nb - Ti 극세 다심 선
                              4.2K, 5T에서 jc~5×10^5 A/㎠

〈그림 8-12〉 자속 점프를 방지하기 위한 냉각 안정화와 단열 안정화의 비교

은 굵기의 선재로 10배 이상의 초전류를 흘릴 수 있다.

　이와 같이 하여 자속 점프가 일어나지 않도록 함으로써 초전도 자석을 안정화하는 방법을 **단열 안정화**라고 한다. 극세 다심선을 사용하여도 퀜칭이 일어나기도 하나, 이것은 어떤 원인으로 선재가 움직여 그때 발생하는 마찰열로 부분적으로 상전도화하는 것이 원인의 하나라고 생각되고 있다. 따라서 커다란 자석에서는 안전을 기하기 위해 극세 다심선재를 사용하여도 동비를 크게 한 냉각 안정화법을 병용하는 경우가 많다.

　초전도 자석은 변화하는 자기장에 약하다. 자속이 움직이는 것과 자기장 변화로 유도되는 전압과 전류에 의한 손실이 발생하는데 이것이 발판이 되어 퀜칭을 일으키기 때문이다. 초기 무렵의 초전도 자석이 너무나 빨리 여자하면 퀜칭하는 것은 이런 이유 때문이다. 선재를 가늘게 해가면 이런 종류의 손실도

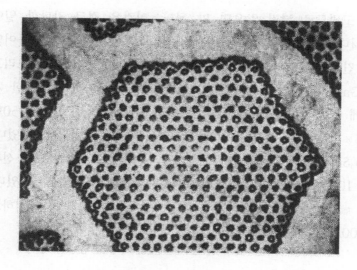

〈그림 8-13〉 Nb-3Ti/Cu-7.5Sn 극세 다심선재 단면 사진
(사진제공: 금속 재료기술연구소)

작게 할 수 있다. 극세 다심선의 등장으로 예전에는 종기를 건
드리듯 조심스럽게 여자하지 않으면 안 되었던 초전도 자석도
걱정 없이 사용할 수 있게 되었다.

실은 극세 다심선은 안정화는 물론 변동 자기장에 드러나도,
또 되풀이하여 자기장을 오르내려도 안정하게 작동하는 초전도
자석에 대한 각종 응용면으로부터의 요청에 부응하기 위해 개
발되었다. 극세 다심선의 개발은 약 20년에 걸쳐 진행되었으나
최근에는 선의 지름이 1마이크론(10^{-4}㎝) 이하의 나이오븀-타이
타늄(Nb-Ti)선을 1만개 이상이나 끼워 넣은 선재도 개발되어
있으며 상용 주파수(50~60Hz)에서도 저손실로 사용할 수 있게
되었다.

초전도 선재의 임계전류를 높이기 위해서는 피닝 중심을 다

수 고밀도로 넣지 않으면 안 된다. 이것은 결코 간단한 일이 아니다. 수많은 초전도체 중에서 피닝 중심이 빽빽하게 들어있는 긴 선재로 가공되어 있는 것은 Nb-Ti 합금, Nb_3Sn 그리고 V_3Ga(바나듐 3갈륨) 정도이다. 이와 같은 가공기술의 착실한 개발에 의해 현재 임계전류 밀도가 5테슬라에서 $1cm^2$당 50만 A($5 \times 10^5 A/cm^2$)에 달하는 Nb-Ti 극세 다심선재가 개발되었다. Nb_3Sn의 극세 다심화는 아직 개발 중에 있으나 테이프상 선재는 10테슬라에서 $10^5 A/cm^2$ 정도의 임계전류 밀도를 갖고 있다. 수 mm^2의 단면을 갖는 이와 같은 선재를 사용하면 안심하고 1000A 이상의 대전류를 저항 없이 흘릴 수 있다.

초전도 자석의 응용

초전도 자석은 다음과 같은 특징을 가지고 있다.

◎ 강한 자기장을 발생할 수 있다.
◎ 넓은 공간에 자기장을 발생할 수 있다.
◎ 각종 형태의 자기장 분포를 비교적 쉽게 만들 수 있다.
◎ 경량이다.
◎ 소비 전력이 적다.
◎ 영구전류를 이용할 수 있다.

실온에서 자기장을 발생하기 위해서는 구리선으로 감은 코일이 사용되고 있다. 구리선에 대전류를 흘리면 어지간히 잘 냉각하지 않는 한 줄열 때문에 타서 끊어진다. 현재, 효과적으로 수냉할 수 있는 특별한 구조를 가진 구리코일에 대전류를 흘림으로써 20테슬라 이상의 강자기장이 발생되고 있다. 이것에 대해 초전도 자석에서 기록되고 있는 최고 자기장은 약 18테슬라

〈그림 8-14〉 금속재료기술연구소에 설치되어 있는 초전도석. 최고자기장은
17.5 테슬라. Nb₃Sn과 V₃Ga 선재가 사용되고 있다(사진제공:
금속재료기술연구소)

이다. 이 자석은 일본 쓰구바(班波)의 금속재료기술연구소에 설
치되어 있으며 Nb₃Sn과 같은 연구소의 다치카와(太刀川) 박사
가 개발한 고자기장에 강한 V₃Ga 선재가 사용되고 있다.
 이와 같이 최고 자기장에서는 지금까지는 초전도 자석은 구
리 자석에 미치지 못하나, 저항을 갖는 동재(銅材)에 대전류를
흘리기 위해서는 매우 큰 전력을 필요로 한다. 예를 들어 구경
4cm에서 15테슬라를 발생하는 자석을 비교하면, 구리자석은 약
5000kW나 되는 대전력을 필요로 하는 데 반해 초전도 자석은
4.2K로 보냉하는 냉동에 필요한 전력을 포함하여 약 1kW가 된
다. 이와 같은 이점을 갖는 초전도 자석의 안쪽에 구리자석을

240

〈그림 8-15〉 도호쿠대학 금속재료연구소 초전도재료개발 시설에 있는 하이브
리드 마그네트(Hybrid Magnet). 30테슬라 이상의 고자기장을
발생할 수 있다(사진제공: 도호쿠 금속재료연구소 부속 초전도재료연
구개발 시설)

삽입하면 더욱 높은 자기장이 얻어진다. 현재 일본 도호쿠(東北)
대학 금속재료연구소에 있는 이런 종류의 하이브리드 마그네트
(Hybrid Magnet)라고 부르는 자석은 30테슬라 이상의 고자기장
을 발생할 수 있으며 기초 연구와 초전도 선재의 시험에 활약
하고 있다.

　구리자석에서 소비되는 전력은 구리선의 전체 저항에 비례하
므로 자기장은 그렇게 높지 않아도 넓은 공간에 자기장을 발생
하는 큰 자석을 만들면 구리선의 길이에 비례하는 전기저항이

〈그림 8-16〉 의료 진단기 MRI(자기공명영상)용 자석(사진제공: 후루가와 옥스퍼드 테크놀로지 주식회사)

커져 대전력을 소비한다. 이것에 비해 아무리 긴 초전도선을 사용하여도 저항이 제로이므로 필요 전력은 그다지 변하지 않는다. 즉 크면 클수록 초전도 자석은 유리하게 된다. 현재 정력적으로 개발되고 있는 토카마크(TOKAMAK)형 핵융합 원자로용 자석에서는 이 초전도 자석의 특징이 이용되고 있다.

토카마크 방식에는 1억도에 가까운 초고온 플라스마(Plasma)를 밀폐해 두기 때문에 강한 자기장과 플라스마 전류 사이의 전자기력을 이용하고 있다. 플라스마 밀폐는 실용기에서는 지름 10m 정도, 중심 자기장이 10테슬라 이상의 코일을 10수기(數基), 도넛형으로 배열하여야 된다고 되어 있으나, 구리코일을 사용하면 핵융합 발전 출력을 상회하는 전력을 필요로 하기 때

242

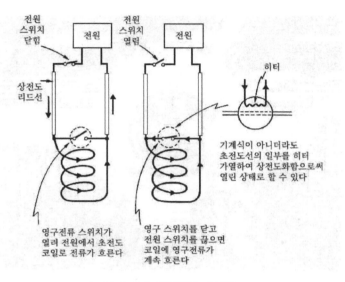

전원
스위치
닫힘

전원

전원
스위치
열림

전원

히터

상전도
리드선

기계식이 아니더라도
초전도선의 일부를 히터
가열하여 상전도화함으로써
열린 상태로 할 수 있다

영구전류 스위치가
열려 전원에서 초전도
코일로 전류가 흐른다

영구 스위치를 닫고
전원 스위치를 끊으면
코일에 영구전류가
계속 흐른다

〈그림 8-17〉 영구전류 스위치

문에 밑천도 뽑지 못한다. 자기장 생성에 필요한 전력을 발전 출력보다 훨씬 작게 하려면 아무래도 초전도 자석을 필요로 한다. 핵융합 원자로용 초전도 자석은 대형이기 때문에 개발비가 비싸진다. 이 때문에 10년 정도 전부터 국제에너지 기관을 중심으로 LCT계획(대형 코일 계획)이 미국, 유럽, 일본 사이의 국제 협력으로 진행되고 있다. 작년부터 금년에 걸쳐 미국의 오크리지(Oakridge) 국립연구소에 가져와서 합계 6개(미국3, 일본1, 유럽원자력공동체1, 스위스1)의 같은 규격(높이 약 5m 폭 5m)의 코일이 함께 테스트되었으나, 일본의 원자력연구소에서 제작된 코일(그림 8-18)과 유럽원자력공동체(Euratom)의 코일이 다른 것보다 격단으로 우수하다는 것이 판명되었다.

초전도선의 감는 방법을 연구함으로써 각종 형태의 분포를

〈그림 8-18〉 토카마크형 핵융합로용 초전도 자석. 1982년 11월 미국 오크
리지 국립연구소에 반입된 일본 코일(사진제공: 일본 원자력연구소
나카연구소의 시마모토 스즈무 씨)

가진 강한 자기장을, 필요하다면 넓은 공간에 발생시킬 수 있
는 것도 초전도 자석의 특징이다. 이 특징은 고에너지 물리학
에서 고에너지 입자 빔을 굽히거나, 집속시키거나 또는 입자의
가속 자체에 이용되고 있다. 우리 생활에 더 친밀한 응용으로
는 인체 중의 양자나 인의 원자핵의 핵자기공명 신호가 주변
조직에 의해 변한다는 것을 이용하여 인체의 단층면 조직을 화
상화하는 의료 진료기 MRI(자기공명영상)에 대한 응용일 것이
다. MRI에는 인체가 완전히 들어갈 수 있는 넓은 공간에 균일
도가 매우 높은 자기장을 필요로 하기 때문에 초전도 자석의
특징을 살릴 수 있다. 최근 이 분야에의 초전도 자석의 진출이
눈부셔 커다란 기대를 걸고 있다.

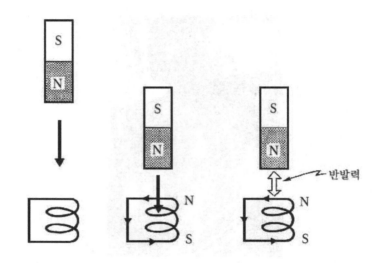

〈그림 8-19〉 자석을 코일에 접근시키면 코일에 전류가 유도된다. 이 유도전
류는 자석이 접근하는 것을 방해하는 반발력이 생기도록 흐른다.
즉, 극성이 반대방향의 자기장이 유도전류에 의해 만들어진다

일정한 자기장까지 초전도 자석을 여자한 후 코일의 양끝을
초전도적으로 단락(短絡)하면, 자석을 전원에서 분리해도 영구전
류로 자기장이 유지된다는 것도 초전도 자석의 큰 특징이다.
코일은 기계적으로 단락할 수도 있으나, 미리 코일의 양끝을
연결해 놓고 여자할 때는 연결 매듭을 국부적으로 히터로 가열
하여 상전도화하여 두면 전류가 상전도화된 부위는 피해 저항
제로인 코일부에 흐른다. 여자가 끝나 히터를 끊으면 상전도
부위는 초전도 상태로 돌아와 영구전류가 환류하게 된다. 이와
같이 영구전류를 개폐하는 스위치를 **영구전류 스위치**라고 한다.
전원으로부터 분리하여도 영구전류로 자기장이 유지되어 있는
초전도 자석은 마치 거대하고 강한 인공 영구자석과 같다.

초전도 자석의 특징을 살린 응용은 지금까지 설명한 것 이외에 MHD(Magneto Hydro Dynamic, 전자기 유체역학) 발전, 직류 발전기, 교류 발전기, 에너지 저장 등 다방면에 걸쳐 있으나 MRI(자기공명영상)나 기초 연구용의 자석을 제외하고는 아직 실용기로는 등장하지 않았다. 실용기에는 우수한 성능 이외에 경제성과 신뢰성, 안전성 등이 요구되기 때문이다. 그러나 초전도 자석 기술 자체는 냉동 기술을 포함하여 상당히 고도로 확립되어 있으며 현재 초전도 발전기의 개발이 통산성(通産省)의 프로젝트로서 정력적으로 진행되고 있다.

이것을 여실히 말해주고 있는 것은 미국의 페르미연구소에 건설된 고에너지 물리용의 초전도 양자 가속기 테바트론(Tevatron)일 것이다. 테바트론은 주장(周長)이 약 6km인 원주 위에 구경 0.8m, 길이 약 6m의 초전도 자석을 1,200기나 배열한 장대한 규모를 갖고 있는데, 1986년에 약 반년에 걸친 장기 시운전에 성공하고, 1987년 초에는 양자-반양자의 충돌로 1조 8000만 eV(전자 볼트)의 기록적인 고에너지를 기록하고 있다.

초전도 자석 기술이 레벨의 높이를 말해주는 또 하나의 예는 일본의 구(舊) 국철이 세계에 앞장서 개발한 통칭 리니어 모터카(Linear Motor Car)로 알려져 있는 초전도 자기부상열차일 것이다.

꿈의 초고속 저공해 열차

자석을 코일에 접근시키면 자속의 변화로 코일에 전류가 유도된다. 이 유도전류는 자속의 변화를 없애도록 흐르기 때문에 자석이 접근하는 것을 방해하는 반발력이 생긴다. 자석이 접근

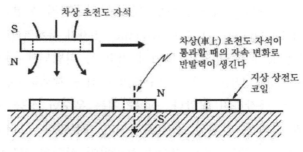

〈그림 8-20〉 자기부상열차의 원리

하면 극성(極性)이 반대 방향인 자기장이 유도전류에 의해 만들
어져, 자석의 N극이라면 N극끼리 접근시켰을 때와 같은 반발
력이 생긴다고 생각하여도 좋다. 차량에 자석을 탑재하고 일렬
로 배열한 상전도 코일의 위를 달리게 하면 자석이 코일 위를
통과할 때 유도원리로 반발력이 생긴다. 이 유도 반발력을 이
용하여 부상지지(浮上支待)하는 아이디어는 예로부터 있었으나
구리철 자석을 이용하면 전원을 포함하여 대단한 중량이 되므
로 도저히 실현될 것 같지 않은 아이디어로 생각되었다. 그러
나 초전도 자석을 이용하면 강한 자기장이 발생되며 중량도 가
볍다.

　게다가 영구전류를 이용할 수 있기 때문에 차량이 전원을 탑
재할 필요가 없다. 초전도 자석을 사용하면 이 SF와 같은 아이
디어도 실현될 수 있다는 것을 1967년 미국의 파월(Powell) 등
이 구체적인 수치로 제시하였다.

　세계에 자랑할 만한 신칸센(新幹線)을 완성시켜 다음 세대의
철도로 향한 고속화, 진동 소음 공해, 선로 보수의 문제를 안고
있는 차량에 의존하는 지지구동(支持驅動) 방식 대신 기계적 접

촉이 없는 차량의 지지구동 방식을 검토하고 있던 구 국철의 기술진은 재빨리 이 파월의 초전도 유도 반발 방식의 부상식 철도의 개발을 착수하였다.

리니어 모터카의 실현

구 국철이 개발을 시작한 1970년 당시는, 초전도 자석 기술이나 냉동 기술은 현재의 수준보다 뒤떨어져 있었기 때문에 극복해야 될 기술 과제가 산적하여 있었다. 유도 반발력은 초전도 코일의 주행 방향의 길이가 길수록 크기 때문에 납작하고 직선부가 긴 경기장의 트랙 모양을 한 코일을 감아 3테슬라 정도의 자기장을 만들지 않으면 안 된다. 주행 시에는 이 코일에 진동이나 가속이 가차 없이 가해진다. 이 가혹한 조건 아래서 코일의 안정한 동작이 보증되지 않으면 안전을 사명으로 하는 교통기관에는 사용할 수 없다.

코일을 아무리 가볍고 콤팩트(Compact)하게 만들어도 코일을 수용하는 액체헬륨 용기(크라이오스탯)의 중량과 체적이 커져서는 안 된다. 크라이오스탯도 가능한 한 납작하고 가볍게 만들어 진동이나 가속에 견딜 수 있는 강도를 갖게 하는 것 외에 액체헬륨이 곧 증발해 버리지 않도록 단열을 잘 하지 않으면 안 된다. 이와 같은 엄격한 기술 과제도 국철 기술진과 민간기업의 정력적 개발 연구로 계속 극복되어, 1974년에는 전장 7 ㎞의 실험선 건설을 하게 되었다.

파월 등은 부상(浮上) 가능성 이외에 지상에 배열한 상전도 코일에 극성이 주기적으로 변하도록 전류를 흘리면, 차상(車上) 초전도 자석을 교대로 흡인 반발함으로써 차량을 추진하는 **리**

248

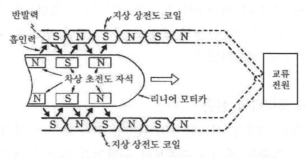

리니어 동기 모터, 교류 전원으로 지상 상전도 코일에 전류 방향이
주기적으로 변하는 교류 전류를 흘리면 차상(車上)의 초전도 자석을
어떤 주시로 흡인, 반발하여 리니어 모터카는 이 주파수와 동기(同期)
된 속도로 달린다.

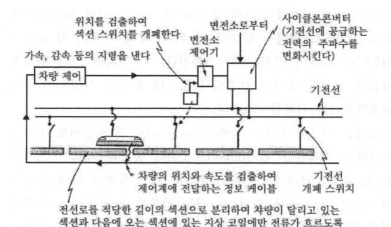

전선로를 적당한 길이의 섹션으로 분리하여 차량이 달리고 있는
섹션과 다음에 오는 섹션에 있는 지상 코일에만 전류가 흐르도록
차량 위치를 검출하여 기전선과의 사이에 있는 스위치를 개폐한다

〈그림 8-21〉 리니어 동기 모터의 원리(상)와 회로그림(하)

니어 동기(同期) 모터가 구성될 수 있다는 것을 지적하였다. 차
량과 마주 보고 있는 지상 코일면이 S극으로 되어 있을 때에
는, N극으로 여기되어 있는 차상 초전도 코일을 끌어당긴다.
차상 코일이 통과하는 순간 지상 코일의 극성을 N극으로 바꾸

〈그림 8-22〉(상) 구 국철 미야자키 실험선에서 최초로 실험된 자기 부상식
철도 실험차 ML500. 길이 10m, 무게 10t, (하) 제2세대의
실험차 MLU001

〈그림 8-23〉 자기 부상식 철도 실험차 MLU002, 길이 약 20m, 44인 승객
     이 탈 수 있는 실용차의 병아리형 차(사진제공: 재단법인 철도총
     합기술연구소)

면 이번에는 차상 코일은 앞쪽으로 반발한다. 따라서 지상 코
일의 전류 방향을 바꿔 극성이 주기적으로 바꿔지도록 하면 차
량은 변환 주파수와 **동기된** 속도로 추진된다는 것이 리니어 동
기 모터(LSM)의 원리이다. 파월 등은 차상 초전도 코일이 만드
는 강한 자기장을 사용하면 지상 코일면과의 간격이 수십㎝여
도 충분한 추진력이 얻어질 수 있다는 것을 지적하였다.

   미야자키(宮崎) 실험선에서 최초로 시험된 실험차 ML500은
길이 약 10m, 무게 10t으로 차 위에 길이 약 1.5㎜, 폭 약
0.5m의 경기장 트랙형 부상용과 추진용 코일 8기씩 2열로 총

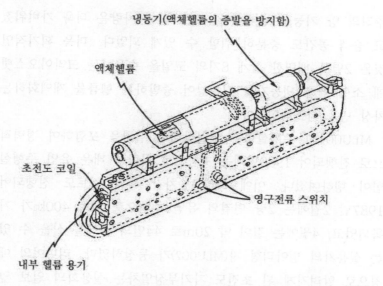

냉동기(액체헬륨의 증발을 방지함)

액체헬륨

초전도 코일

영구전류 스위치

내부 헬륨 용기

〈그림 8-24〉 MLU001에 탑재하고 있는 냉동기가 붙어있는 크라이오스탯과
　　　　　　　초전도 자석

16기를 배열하여 놓고 있다. 이것으로 시속 약 100km에 달하
면 부상하여 실효 공극 10cm의 높이로 부상 주행한다. ML500
은 주행실험이 시작된 지 2년 후인 1979년 12월에 수 회에
걸쳐 '500'을 표시하는 목표 속도를 돌파하여 시속 517km의
전인미답의 고속을 달성하였다.

　ML500은 초고속 주행의 가능성을 실증하기 위해 만들어진
차량이었기 때문에 사람을 태울 공간이 없었다. 제2세대의 실
험차로서 등장한 것이 보다 실용차에 가까운 구조에 연결주행
시험도 가능한 3량의 'MLU001' 실험차이다. MLU001은 그
후의 초전도 기술 진보의 성과를 도입한 보다 경량이며 보다
강력한 초전도 코일을 사용함으로써 한 개의 자석으로 부상과

추진의 양 기능을 발휘했다. 그로 인해 차량은 더욱 가벼워졌고 승객 공간도 충분히 취할 수 있게 되었다. 더욱 획기적인 것은 2열로 배열한 합계 8기의 코일을 수용하는 크라이오스탯에 소형 헬륨 냉동기를 집어넣어 증발하는 헬륨을 재액화하는 차상 냉동 시스템이었다.

MLU001의 주행실험은 연결상태의 실험을 포함하여 정력적으로 진행되어 1980년에는 처음으로 사람을 태운 유인 주행실험이 행하여졌다. 이에 따라 승차감 등의 검토도 진행되어 1987년 2월에는 2량 연결의 유인 주행으로 시속 400㎞가 기록되었고, 4월에는 길이 약 20m로 44인의 승객을 실을 수 있는 실용차의 병아리형 차(MLU002)가 등장하였다. 리니어의 애칭으로 알려지게 된 초전도 자기부상열차는 실용화의 일보 앞까지 와 있다고 말해도 좋다.

리니어의 개발은 일본의 고유의 독자적인 기술로서 해외에서 높이 평가받고 있으며 일본의 초전도 기술의 육성에 공헌하였다는 점에서 큰 의의를 갖는다.

초전도 일렉트로닉스

여기서 이야기를 극히 미소한 처리에 대한 초전도의 응용으로 바꾸자. 이와 같은 일렉트로닉스(Electronics) 분야로의 응용에서 중심적 역할을 하고 있는 것은 조셉슨 효과이다.

7장에서 극히 얇은 절연층을 낀 조셉슨 접합에 대해 설명하였으나 이와 같은 타입의 접합을 터널형 접합이라고 한다. 이 외에 절연층 대신 상전도 금속을 낀 것, 초전도막을 극히 가는 초전도 박막으로 브리지(Bridge)한 것, 또는 침 모양의 초전도

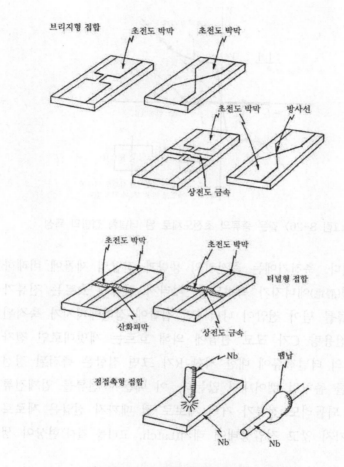

〈그림 8-25〉 각종 타입의 조셉슨 접합

체를 초전 도판에 가볍게 점접촉시킨 것 등 각종 타입의 접합
에서 조셉슨 효과가 관측된다.

터널형 접합의 특징은 절연층을 끼고 서로 마주 보고 있는
초전도막이 전자회로로 사용되는 콘덴서(축전기)를 형성하고 있

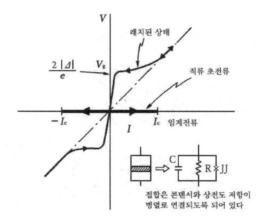

〈그림 8-26〉 같은 종류의 초전도체로 된 터널형 접합의 특성

는 점이다. 축전기에는 축전기의 용량과 전압의 제곱에 비례하
는 정전(靜電)에너지가 축적된다. 따라서 접합에 흐르는 전류가
임계전류를 넘어 전압이 나타나면 접합에 정전에너지가 축적된
다. 정전용량 C가 크고 전압에 의해 흐르는 제멋대로인 전자
(준입자)의 터널전류에 대한 저항 R가 크면 접합은 축적된 정전
에너지를 좀처럼 뱉어내지 않는다. 이 때문에 전류를 임계전류
이하로 되돌려도 전류가 거의 제로로 될 때까지 전압은 제로로
되돌아가지 않고 전압상태에 래치(Latch, 고리를 걸다)현상이 생
긴다.

이 래치된 상태에서 전류에 대한 전압의 변화는 전압이 있으
면 흐르는 제멋대로인 준입자의 터널전류의 전류-전압 특성을
나타낸다. 7장에서 설명한 것과 같이 기에버가 발견한 준입자
터널효과에서는 전류는 전압이 갭 Δ에 해당하는 전압 $V_g=2\Delta$
/e를 넘으면 갑자기 증가하기 시작한다. 이 특성을 반영하여

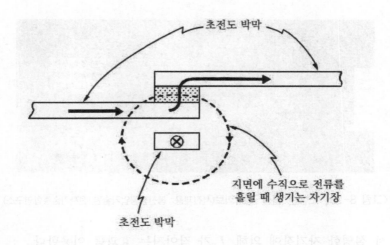

초전도 박막

지면에 수직으로 전류를
흘릴 때 생기는 자기장

초전도 박막

〈그림 8-27〉 조셉슨 접합 집적회로(사진제공: 통산성공업기술원 전자기술총합연구소)

터널형 접합(Junction)에서는 최초에 전류를 제로에서부터 증가
시켜 나가면 임계전류에서 불연속적으로 제로 전압상태로부터
전압이 약 V_g의 상태로 이동한다. 이 천이시간이 반도체 소자
에 비해 짧고 피코 초(10^{-12}초) 정도 라는 것이 앞에서 설명한
마티아스에 의해 발견되어, 조셉슨 접합이 고속화를 항상 목표
로 하고 있는 컴퓨터의 스위치 소자로서 일약 주목을 받게 되
었다.

조셉슨 컴퓨터

　조셉슨 접합(이하 JJ로 약칭함)을 제로 전압상태로부터 전압 V_g
상태로 스위치하기 위해서는 임계전류 I_c 이상의 전류를 주입
하든가, 주위에 생기는 자기장이 JJ의 접합부를 통과하도록 JJ
의 바로 아래에 배선한 초전도 제어선에 전류를 흘려, 7장에

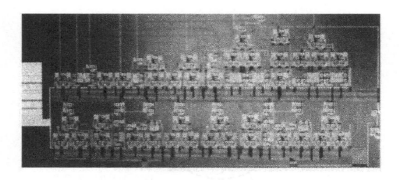

〈그림 8-28〉 조셉슨 접합 집적회로(사진제공: 통산성공업기술원 전자기술총합연구소)

서 설명한 자기장에 의해 I_c가 작아지는 효과를 이용한다.

출력 전압 V_g는 나이오븀(Nb) 접합의 경우는 2.9㎷, 임계온
도가 높은 질화나이오븀(NbN, T_c=17K) 접합에서는 5.3㎷까지
도 달하므로 다음 단계의 JJ소자를 몇 개 구동할 수 있다. 이와
같은 소자의 조합으로 각종 연산회로가 구성될 수 있다.

2개의 JJ를 병렬로 연결한 회로는 7장에서 설명한 SQUID를
형성하고 있으나, 이 SQUID 회로를 각종 배치로 조합시키면
여러 가지 양자 간섭효과가 나타나고 그것을 교묘하게 이용함
으로써 1자속 양자의 단위로 정보를 기억시키든가 차례차례로
옮기는 것도 가능하다.

JJ는 스위치 속도가 빠르다는 것 이외에 구동할 때의 소비전
력이 반도체 소자의 약 1,000분의 1㎶(10^{-6}W) 정도로 작다는
이점을 갖고 있다. 컴퓨터의 연산속도를 높이기 위해서는 스위
치 속도는 물론 정보를 전송하는 선로를 아주 짧게 하여 정보
전송시간을 단축할 필요가 있다.

이를 위해서는 소자의 집적밀도를 높여 회로를 콤팩트하게

〈그림 8-29〉 조셉슨전압 발생기용 소자. 쓰구바의 전자기술총합연구소에서는
2,400개의 조셉슨 접합을 접합한 아래를 전압 표준에 사용함과
동시에 정밀 전압측정에의 응용을 추구하고 있다(사진제공: 통산성
공업기술원 전자기술총합연구소)

구성할 필요가 있으나, 집적밀도를 높이면 단위 면적당의 발열
량이 증가하므로 냉각에 지혜를 짜내도 한도가 있다. 소비 전
력이 작은 JJ는 이 점에서 유리하다. 고속 신호를 방해하지 않
고 손실 없이 빠른 스피드로 전송할 수 있는 초전도 전송선을
이용할 수 있다는 것도 큰 이점일 것이다.

JJ컴퓨터가 잘 동작하기 위해서는 다수의 JJ의 임계전류 값이
균일하지 않으면 안 된다. IBM은 최초 납합금을 접합재로 사
용하여 절연 산화막의 두께를 교묘하게 제어함으로써 임계전류
를 가지런히 하는 기술을 개발하였으나, 납합금은 연하고 열화
(劣化)하기 쉽다는 결점을 갖는다. 여기서 기계적으로도 화학적
으로도 안정한 Nb의 기판 위에 한쪽 전극에 납합금을 사용한
집적회로의 제작 기술을 개발하였으나, 2만 개 이상의 JJ를 함
유한 고속 기억회로를 동작시킬 수가 없어 예정 시기까지 프로
토타입(Prototype)기를 완성시킬 계획이 서지 않았다. 이와 같
은 상황과 반도체 소자의 고속화 상황을 고려한 상업적 이유로
1983년 9월에 IBM은 JJ컴퓨터의 개발을 중지하는 결정을 내

258

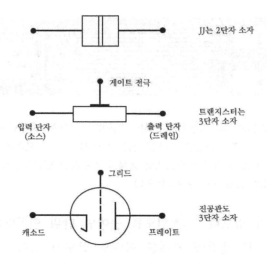

JJ는 2단자 소자

게이트 전극

입력 단자   출력 단자
(소스)   (드레인)

트랜지스터는
3단자 소자

그리드

캐소드   프레이트

진공판도
3단자 소자

〈그림 8-30〉 JJ, 트랜지스터, 진공관의 비교

렸다.

이런 가운데서 나중에 시작했지만 일본에서의 개발 연구는 착착 진전되었다. 특히 성능이 갖추어진 접합을 전부 나이오븀이나 질화나이오븀으로 제작 집적화하는 기술이나, 새로운 회로 설계 등의 개발 연구가 정력적으로 진행되어 세계를 리더하는 수준으로 발전되어 왔다.

JJ컴퓨터의 실현은 아직 장래의 일이라 하여도 현재 상태의 소자 제작 기술로 컴퓨터보다 훨씬 소자수가 적은 아날로그 신호를 디지털화하는 A/D변환기 등의 신호처리 디바이스의 고속화에 충분히 이용할 수 있으며 미국을 중심으로 개발이 진행되고 있다. 또 소자 제작 기술의 발전에 따라 고감도 SQUID 자력계가 만들어지게 되어 JJ를 다수 직렬로 접속한 JJ 앨리(Alley)에서 7장에서 설명한 동기효과로 1V까지의 정전압 스텝이 발생될 수 있게 되었다. 쓰구바의 전총연(電總研)에서는 2,400개의 JJ를 접속한 앨리를 전압 표준으로 사용하는 동시에 정밀 전압 측정으로의 응용을 추구하고 있다.

초전도 트랜지스터

JJ는 전극이 두 개밖에 없는 2단자 소자로, JJ를 스위치했을 때의 출력전류는 스위치하는 데 필요한 제어선 전류에 비해 별로 크지 않다. 즉, **이득**이 작은 소자이다. 이것이 회로 설계를 어렵게 하거나 임계전류의 흩뜨러짐에 대한 제약을 엄격하게 한다.

이것에 대해 트랜지스터는 입력과 출력 단자 사이에 흐르는 전류를 작은 입력으로 제어할 수 있는 제3의 전극(게이트 전극)을 갖는 3단자 소자로 이득도 크다. 이와 같은 기능과 JJ가 갖는 우수한 고속 저소비 전력 성능을 겸비한 초전도 트랜지스터가 만들어진다면 컴퓨터 등으로의 응용도 상당히 쉬워진다.

초전도 트랜지스터는 이미 몇 가지 타입의 것이 제안되어 연구되고 있다. 그중 가장 개발이 진전되고 있는 것은 IBM의 페리스(Ferris)가 발명한 퀴테론이라는 소자이다. 퀴테론은 3개의 초전도 박막 S_1, S_2, S_3를 $S_1 I S_2 I S_3$(I는 절연 장벽)의 구조에 겹친 소자로서, S_1에서 S_2로 준입자 터널효과로 준입자를 주입해 S_2의 에너지 갭을 작게 함으로써 $S_2 I S_3$ 접합의 준입자 터널전류-전압 특성을 제어한다. 퀴테론은 충분한 이득을 갖고 동작한다는 것이 실증되고 있으나 응답이 JJ보다 두 자릿수 가까이 늦다는 어려운 점이 있다.

또 한 가지 타입의 초전도 트랜지스터로서 **근접효과**를 이용한

260

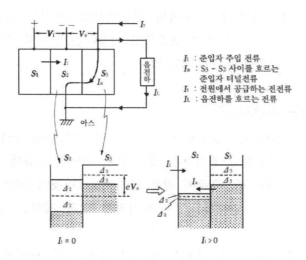

I_1 : 준입자 주입 전류
I_a : S_3 - S_2 사이를 흐르는
　　준입자 터널전류
I_t : 전원에서 공급하는 전전류
I_L : 음전하를 흐르는 전류

$I_1 = 0$　　　　　$I_1 > 0$

〈그림 8-31〉 초전도 트랜지스터 중에도 가장 빨리 앞서 있는 쿼테론(IBM의
　　　　　페리스가 개발)의 구조와 원리. S_1으로부터 S_2에 I_1를 늘려 준입
　　　　　자를 충분히 주입하면 S_2의 갭 Δ_2가 거의 제로가 되어 S_3나 S_2
　　　　　에 가는 준입자 터널전류 I_a가 갑자기 흐르기 시작한다. 이 때
　　　　　문에 음전하를 흐르는 전류 I_L이 작아진다

　것이 있다. 근접효과는 초전도체와 상전도체를 밀착시키면 초
전도 쪽으로부터 상전도 쪽으로 쿠퍼쌍이 스며 나와 상전도 쪽
으로의 스며 나가는 거리 정도의 얇은 층에 초전도를 유발하는
효과가 있다. 지금 상전도막 N을 초전도막 S로 끼운 SNS 접
합에서 N의 막 두께가 스며 나가는 거리 ζ_N 정도라면 근접효
과 때문에 쿠퍼쌍이 S막 사이를 왕복하게 되어 조셉슨 효과가
나타난다. ζ_N은 상전도체 내의 코히어런스길이에 해당하는 양
으로 온도의 저하와 더불어 커지며 또 자유전자의 농도와 더불
어 증대한다. 따라서 일정 온도에서 자유전자 농도를 변화시킬
수 있으면 ζ_N의 변화에 의해 초전도적 관계를 강하게 하거나

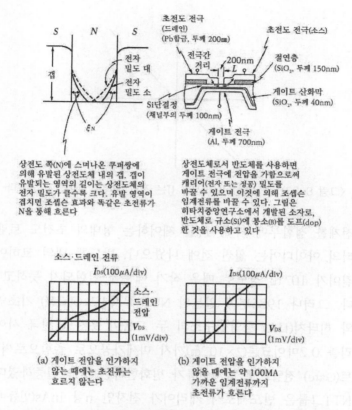

초전도 전극
(드레인)
(Pb합금, 두께 200㎜)

초전도 전극(소스)

전극간
거리   200nm
L

절연층
(SiO₂, 두께 150nm)

Si단결정
(채널부의 두께 100nm)

게이트 산화막
(SiO₂, 두께 40nm)

게이트 전극
(Al, 두께 700nm)

상전도 쪽(N)에 스며나온 쿠퍼쌍에
의해 유발된 상전도체 내의 갭. 갭이
유발되는 영역의 길이는 상전도체의
전자 밀도가 클수록 크다. 유발 영역이
겹치면 조셉슨 효과와 똑같은 초전류가
N을 통해 흐른다

상전도체로서 반도체를 사용하면
게이트 전극에 전압을 가함으로써
캐리어(전자 또는 정공) 밀도를
바꿀 수 있으며 이것에 의해 조셉슨
임계전류를 바꿀 수 있다. 그림은
히타치중앙연구소에서 개발된 소자로,
반도체로 규소(Si)에 붕소(B)를 도프(dop)
한 것을 사용하고 있다

소스·드레인 전류

$I_{DS}(100\mu A/div)$

소스·
드레인
전압
V_{DS}
(1mV/div)

$I_{DS}(100\mu A/div)$

V_{DS}
(1mV/div)

(a) 게이트 전압을 인가하지
않는 때에는 초전류는
흐르지 않는다

(b) 게이트 전압을 인가하지
않을 때에는 약 100MA
가까운 임계전류까지
초전류가 흐른다

〈그림 8-32〉 히타치 중앙연구소에서 개발한 근접효과형 초전도 트랜지스터
의 원리와 동작 그림

약하게 할 수 있어 그것에 의해 조셉슨 임계전류의 크기를 변
화시킬 수 있다.

금속의 자유전자 농도를 변화시키는 것은 어려우나 반도체를
사용하면, 반도체의 전류를 운반하는 캐리어(Carrier)를 전기장
에 의해 접합부로 끌어당겨 접합부에서의 캐리어 농도를 전계
효과 트랜지스터(FET)와 같이 변화시킬 수 있다.

262

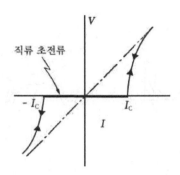

〈그림 8-33〉 점접촉형, 브리지형 JJ는 전압 상태로 래치되지 않는다

전계를 접합부에 가해 I_c를 제어하는 형태의 초전도 트랜지스터의 아이디어는 훨씬 전에 나왔으나, 반도체 내의 코히어런스길이가 10^{-6}㎝ 정도로 매우 작기 때문에 실현되지 못하고 있었다. 그러나 1985년에 일본의 NTT 무사시노(武藏野) 기초연구소와 히타치(日立) 중앙연구소의 두 그룹이 초전도 전극 사이의 거리를 0.2마이크론(2×10^{-5}㎝)까지 미세가공으로 좁힘으로써 게이트(Gate) 전압으로 임계전류가 변화한다는 것을 실증하였다.

NTT그룹은 반도체로서 캐리어가 전자인 n형 InAs(인듐비소)의 표면에 캐리어가 양전하를 갖는 홀(Hole)인 p형 InAs의 반전층(反轉層)이 자연히 생기는 것을 이용하여 반전층을 Nb전극으로 삽입한 것과 같은 소자를 제작하였고, 히타치그룹은 규소(Si) 단결정에 붕소(B)를 확산시킨 p형 Si의 표면에 납합금전극을 근접시켜 붙이는 구조의 소자를 제작하였다. 히타치의 경우 약 0.2V의 전압을 가하면 I_c가 10^{-4}A 정도 변화한다. 이 근접효과를 이용한 전계효과형 초전도 트랜지스터는 JJ와 같은 정도의 고속성 저소비 전력성을 갖는 동시에 JJ와 같이 전압상태

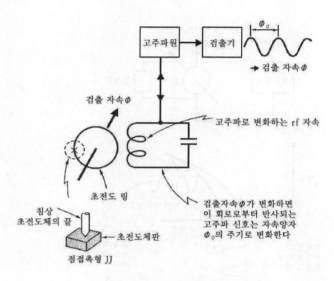

고주파원 → 검출기

ϕ_0

→ 검출 자속 ϕ

검출 자속 ϕ

고주파로 변화하는 rf 자속

초전도 링

침상
초전도체의 끝

초전도체판

점접촉형 JJ

검출자속 ϕ가 변화하면
이 회로로부터 반사되는
고주파 신호는 자속양자
ϕ_0의 주기로 변화한다

〈그림 8-34〉 rf SQUID

에 래치되는 일 없이 보통의 트랜지스터처럼 사용할 수 있기 때문에 유망하지만 아직 개발이 시작되었을 뿐이며 실용화에는 이르지 못하고 있다.

이 외에도 두세 타입의 초전도 트랜지스터의 개발 연구가 진행되고 있으나 설명은 생략하겠다.

계측에의 응용

7장에서 설명한 SQUID 소자는 1960년대 말경부터 초고감도 자력계로서 실용화되고 1970년대 초에는 상품화되어 현재 기초연구에 널리 사용되게 되었다. 스위치용 JJ와 달라서 SQUID 자력계에 사용되는 JJ는 전압상태에 래치되는 특성을 가지고 있으면 곤란하기 때문에 비교적 최근까지 정전용량이 작은 점접

264

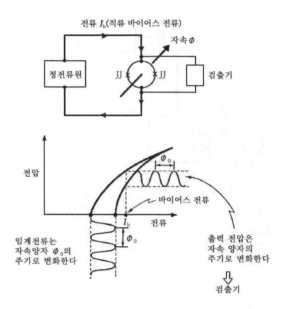

전류 I_b(직류 바이어스 전류)

자속 ϕ

정전류원   JJ ✕ ✕ JJ   검출기

전압

ϕ_0

바이어스 전류

I_b

전류

ϕ_0

임계전류는
자속양자 ϕ_0의
주기로 변화한다

출력 전압은
자속 양자의
주기로 변화한다

검출기

〈그림 8-35〉 dc SQUID의 회로와 동작

촉형 또는 브리지형 접합이 사용되며, 또 7장에서 설명한 2개의 JJ를 사용한 직류(dc)적으로 구동할 수 있는 dc SQUID가 아니고 1개의 접합을 링으로 배치하여 10MHz 정도의 라디오 주파수(rf)로 구동하는 rf SQUID만이 사용되어 왔다.

그러나 dc SQUID는 접합의 특성을 일치해야 하는 번거로움이 있으나 rf SQUID보다는 본질적으로 감도가 좋기 때문에, 최근에는 JJ컴퓨터의 개발로 발전한 접합 제작 기술을 도입하여, 기판에 2개의 JJ와 입력회로를 집적회로 제작 기술을 이용하여 제작한 고감도 dc SQUID가 제작되었다. 〈그림 8-36〉은 쓰구바의 전총연에서 제작한 NbN을 사용한 dc SQUID로 20회전의 입력루프 연결 부분에 약 2마이크론 각(角)인 2개의 접

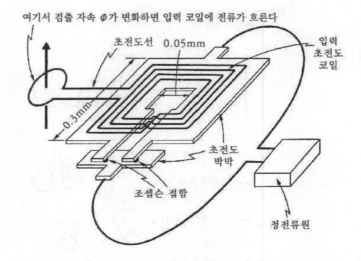

여기서 검출 자속 Φ가 변화하면 입력 코일에 전류가 흐른다

초전도선   0.05mm

0.3mm

입력
초전도
코일

초전도
박막

조셉슨 접합

정전류원

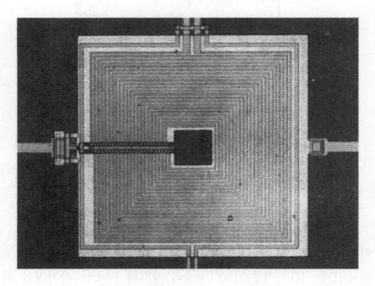

〈그림 8-36〉 dc SQUID의 구조(사진제공: 통산성공업기술원 전자기술총합연구소)

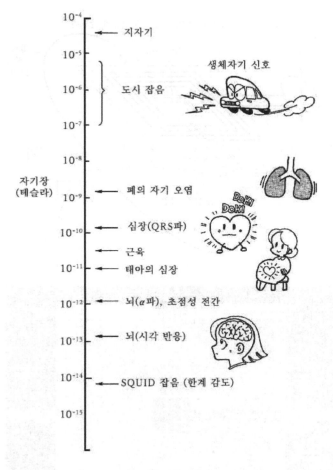

〈그림 8-37〉 각종 환경 자기장의 크기

합이 만들어져 있다.

 SQUID는 10^{-10}가우스(10^{-14}테슬라)까지의 미소한 자기장을 측정할 수 있기 때문에 미소자화나 미소전압의 물성측정으로부터 중력파 검출기, 소립자 물리학에서 문제가 되고 있는 자기 단

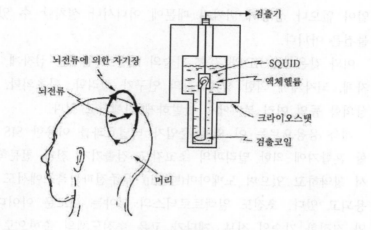

검출기

뇌전류에 의한 자기장

SQUID

액체헬륨

뇌전류

크라이오스탯

검출코일

머리

〈그림 8-38〉 뇌자계

극자(monopole)의 탐색 등 물리학의 여러 분야와 지(地)전류, 대기 전자기 현상, 암석 자기 등 지구과학의 여러 분야 등에 이용되고 있다.

또 하나 흥미 있는 응용 분야는 생체자기의 검출이다. 근육이나 신경의 흥분에 따르는 활동전류는 자기장을 만드나 〈그림 8-37〉에 보았듯이 유발 자기장이 매우 작기 때문에 종래에 사용되어 온 측정은 곤란하다고 생각해 왔다. SQUID는 이것을 가능하게 하였다.

다만, 비교적 강한 심근(心筋) 흥분에 따른 심장 자기장에서도 지구 자기장의 10만 분의 1인 10^{-10}테슬라 정도이므로, 문짝 하나를 움직여도 발생하는 환경 자기잡음을 웬만큼 잘 제거하지 않으면 깨끗하게 검출할 수 없다. 이 때문에 먼 곳에서 발생한 자기장은 없애도록 감은 초전도 검출 코일을 사용하는 등의 연구가 필요하다. 물론 자기 차폐실이 있으면 그 이상 좋은 일이 없으나 상당히 비싸기 때문에 어디서나 설치할 수 있는 물건은 아니다.

이와 같은 SQUID와 검출 기술의 개발로 현재는 심자계, 폐자계, 뇌자계에 의한 생체자기의 연구가 생리학, 기초의학, 임상의학 등의 여러 분야에서 활발하게 진행되고 있다.

계측 응용으로는 이 외에 준입자 터널효과를 이용한 SIS 접합 혼합기에 의한 밀리파의 초고감도 검출기가 전파 천문학에서 활약하고 있으며 노베야마(野邊山) 우주전파관측소에서도 사용되고 있다. 초전도 일렉트로닉스의 분야는 새로운 아이디어와 집적화 기술의 진보, 게다가 고온 초전도체의 출현으로 더욱 넓어질 것이다.

9. 고온 초전도체의 출현

고임계온도를 겨냥하여

초전도의 마이크로 이론의 발판을 만든 포논(Phonon)의 주고 받음으로 전자 사이에 인력이 생기는 프레리히 메커니즘에 대해서는 6장에서 설명하였다. 포논이 어떤 역할을 하고 있다는 것을 시사한 것이 임계온도 T_c가 $T_c \propto 1/\sqrt{M}$에 따라 이온질량 M에 의존하는 동위체효과이다. 격자점의 용수철로 연결된 이온의 진동수 ν_0는 $1/\sqrt{M}$에 비례하기 때문이다.

1964년에 미국의 W. 리틀(Little)은 이온이 아니고 질량 m이 이온의 수천 분의 1로 가벼운 전자의 진동을 매개로 하는 전자 간 인력의 메커니즘을 제안하고 실온 초전도체의 가능성을 논하였다. 리틀은 전자가 1차원적인 사슬 모양의 긴 고분자 속을 자유롭게 움직이는 유기 고분자 물질을 생각하였다. 지금 사슬의 양쪽에 분극하기 쉬운, 즉 전자가 한쪽으로 치우치기 쉬운 분자가 배열해 있다고 하자. 사슬 속의 자유전자가 측쇄(側鎖)분자의 옆을 통과하면 쿨롱 반발로 분자 내의 전자가 반대 측으로 밀려 분자는 분극한다. 만일 이 분극이 전자가 지나가 버린 후에 조금이라도 남아 있으면 플러스로 대전한 영역이 생겨 사슬 속의 다른 전자를 끌어당길 수 있다. 분극한 분자를 전자가 한쪽으로 쏠리지 않은 중성분자로 되돌리는 용수철 힘은 $1/\sqrt{M}$에 비례하는 진동수 ν_E인 전자진동을 일으킨다. 만일 이 메커니즘에 의한 전자 간 인력이 포논을 매개로 하는 메커니즘과 같은 정도라면 BCS의 임계온도 T_c의 계산에 따라 $\nu_E/\nu_0 \sim$

270

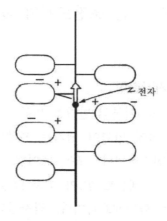

〈그림 9-1〉 1차적 사슬을 달리는 전자는 사슬의 분자를 분극하며 간다

$\sqrt{M/m}$ 수십 배만큼 T_c가 높아진다는 것이 리틀의 주장이다. 유감스럽게도 이 예언은 결실을 맺지 못했다. 1980년 이래 각종 타입의 유기물 초전도체가 발견되었으나 그 어느 것도 임계온도는 낮았고, 최고의 것이라도 8K였다. 또 전자 간 상호 작용도 종래의 것과 같아 리틀의 메커니즘은 작용하고 있지 않다는 것이 확실해졌다.

고임계온도는 실현되지 않았으나 유기 초전도체 자체는 매우 흥미로운 물질이다. 유기 초전도체 이외에도 우라늄이나 세륨의 화합물로서 전자의 질량이 겉보기에 매우 무거운 물질이 특이한 초전도를 나타낸다는 것이 최근에 발견되어 관심을 모으고 있으나, 이와 같은 물질도 임계온도가 낮고 BCS 이론으로 해석될 수 있다는 것이 밝혀졌다.

1911년에 초전도가 수은에서 발견된 이래 임계온도의 최고 기록은 단계적으로 경신되어 왔으나, 1973년에 나이오븀과 저

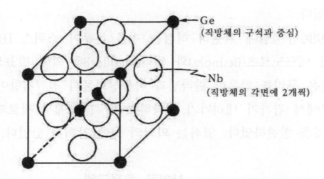

<그림 9-2> 나이오븀3저마늄(Nb₃Ge)의 구조. 각면의 Nb이 연이어 있는 방향이 인접하는 면마다 90° 변하고 있다

마늄의 화합물 나이오븀3저마늄(Nb₃Ge)이 액체수소의 끓는점을 넘는 $23.5K$에서 초전도로 전이한다는 것이 발견된 이후 임계온도는 완고하게 상승을 계속 거부하여 왔다. 그사이 격자진동을 매개로 하는 전자 간 인력의 연구는 이론과 실험의 양면에서 고도로 정밀화되어, 임계온도의 상한으로 기대할 수 있는 것은 겨우 $40K$ 정도일 것이라고 추정하게 되었다.

BCS 이론이 나타나기 이전부터 수많은 합금이나 금속 간 화합물의 초전도를 조사, 이론에 구애되지 않고 임계온도의 계통성을 경험과 직감에 따라 조사하여 온 사람으로 미국의 B. 마티아스가 있다. 20여년 전에 열린 고임계온도의 가능성을 중심 화제로 한 심포지엄에서 마티아스는 떨어뜨린 열쇠를 가로등 아래에서 열심히 찾고 있는 사람에게 어째서 가로등이 비춰지고 있는 곳만 찾고 있느냐고 물었더니 "저쪽은 어두우니까"라고 대답했다는 프랑스의 재담을 인용하여, 이론에 비춰지고 있는 곳만을 찾아 헤매고 있는 연구의 접근법을 비웃은 일이 있다.

1986년 4월에 완전히 허점을 찌른 논문이 스위스 IBM연구소의 베드노르츠(Bednorz)와 뮐러(Müiller)에 의해 발표되었다. 그들은 구리를 함유한 란타넘과 바륨산화물의 전기저항이 $30K$ 부근에서 갑자기 내려가기 시작하여 약 $13K$에서 제로가 된다는 것을 발견하였다. 열쇠는 의외의 곳에 감춰져 있었다.

산화물 초전도체

단위포

산화물 초전도체는 과거에 조사되지 않았던 것은 아니다. 본래는 절연체인 타이타늄산스트론튬(SrTiO₃)을 환원하든가 스트론튬(Sr)을 소량의 바륨(Ba)이나 칼슘(Ca)으로 치환하면 도전성을 나타내나, Sr을 약 10% Ba이나 Ca으로 치환한 것이 약 $0.2K$에서 초전도로 된다는 것이 1966년에 발견되었다. 이 물질의 자유 전자밀도는 보통의 금속보다 한 자릿수 이상 작고 BCS 이론에 의하면 관측한 대로 매우 낮은 임계온도밖에 기대할 수 없다.

그런데 역시 같은 정도의 작은 전자밀도를 갖는 바륨(Ba)과 납(Pb) 및 비스무트(Bi)의 산화물 $BaPb_{1-x}Bi_xO_3$가 비스무트 농도 $x=0.25$에서 약 $13K$인 비교적 고온에서 초전도로 된다는 것이 1975년에 미국에서 발견되어 주목을 받았다. 왜 전자밀도가 작은 데도 불구하고 $10K$ 정도의 임계온도를 갖느냐 하는 것은 매우 흥미 있는 문제로 지금도 연구가 계속되고 있다. 그러나 임계온도가 높다고 하여도 기록을 깨는 높이는 아니었기 때문에 많은 사람의 주목을 받지는 못했다.

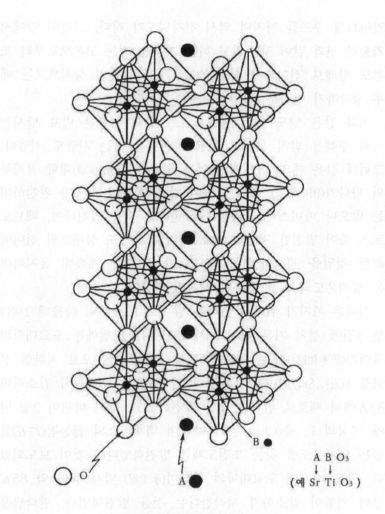

A B O₃
↓ ↓
(예 Sr Ti O₃)

〈그림 9-3〉 페로브스카이트형 구조

이 두 산화물은 페로브스카이트(Perovskite: 회타이타늄석)형이
라고 부르는 결정구조를 갖고 있다. 베드노르츠 등의 란타넘
(La), 바륨(Ba) 및 구리(Cu)의 산화물도 기본적으로는 페로브스

274

카이트형 구조를 가지며 역시 전자밀도가 작다. 그것이 앞에서 기술한 것과 같이 30K라고 하는 기록을 깨는 고온으로부터 초전도 상태로 전이하기 시작한다는 것은 종래의 상식으로는 매우 생각하기 어려운 일이다.

이와 같은 일도 있어 베드노르츠 등의 논문은 발표 당시는 거의 주목을 받지 못했고 논문의 존재를 아는 사람도 적었다. 그런데 같은 해의 11월에 들어가 일본의 도쿄(東京)대학 공학부의 다나카(田中昭二) 교수 그룹이 같은 성분의 시료가 완전하지는 않으나 마이스너 효과를 나타낸다는 것을 발견하여, 베드노르츠 등이 발견한 저항의 감소는 바로 초전도 상태로의 전이에 의한 것임을 지적하였다. Nb_3Ge가 13년간 계속해 유지하여 온 임계온도의 최고 기록이 마침내 깨졌다.

기록은 깨지기 위해서 있다는 말대로 12월부터 다음해 1987년 3월에 걸쳐 기록 러시가 계속되었다. 12월에는 도쿄대학의 후에키(笛木和雄) 교수 그룹이 Ba을 스트론튬(Sr)으로 치환한 산화물 $(La_{1-x}Sr_x)_2CuO_4$의 저항이 약 37K부터 급격히 감소하여 33K에서 제로로 된다는 것을 발견하였고, 해가 바뀌어 2월 말에 미국의 P. 추(Chu) 등이 마침내 액체질소의 끓는점(77K)을 넘는 임계온도를 갖는 초전도체를 발견하였다는 것이 보도되었다. 같은 시기에 도쿄대학의 히가미(氷上忍) 박사 등이 약 85K부터 저항이 감소하기 시작한다는 것을 발견하였다. 란타넘을 이트륨(Y)으로 치환한 Y-Ba-Cu-O계의 산화물이라는 것이 얼마 후에 밝혀졌다. 또한 비슷한 시기에 중국과학원에서 100K를 넘는 임계온도가 관측되었다는 것이 보도되어 세계는 마치 열병에 휩싸인 것처럼 초전도는 갑자기 저널리즘의 총아로 취

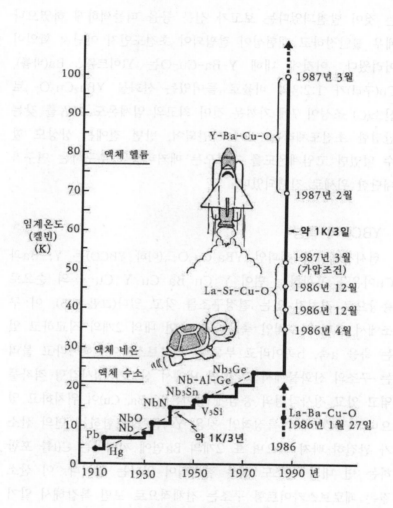

〈그림 9-4〉 초전도체의 임계온도 변천

급받게 되었다.

그 후 같은 계통의 물질 중에 상온(실온)에서 저항이 없어지는 것이 발견되었다는 보고가 신문 등을 떠들썩하게 하였으나 매우 불안정하고 재현성이 결핍되어 초전도인지 아닌지 확인이 어려웠다. 이것에 대해 Y-Ba-Cu-O는 Y(이트륨), Ba(바륨), Cu(구리)가 1:2:3의 비율로 들어있는 산화물 $YBa_2Cu_3O_{7-y}$로 산소(O) 조성이 7에 가까운 것이 최고의 임계온도 $95K$를 갖는 안정한 초전도체라는 것이 확인되어, 반년 전에는 상상도 할 수 없었던 고임계온도를 가져오는 메커니즘을 추구하는 연구가 대단한 위세로 진행되었다.

YBCO의 특성

현시점에서의 챔피언 $YBa_2Cu_3O_{7-y}$(이하 YBCO)는 Y, Ba과 Cu이온을 포함하는 면이 Y Cu Ba Cu Y Cu……의 순으로 층상으로 겹쳐져 있는 결정구조를 갖고 있다(그림 9-5). 이 구조에서 층면에 수직인 축을 c축 층면 내의 2개의 직교하고 있는 축을 a축, b축이라고 부른다. 페로브스카이트형이라고 불리는 구조의 산화물에서는 각 면 내에서 산소가 정사각형 격자를 엮고 있고 정사각형의 중심에 양이온(Y, Ba, Cu)이 위치하고 있으나, YBCO에서 특징적인 것은 Y이온을 포함하는 면의 산소가 완전히 빠져 있으며 또 2개의 Ba면에 끼어있는 Cu를 포함하는 면 내의 산소도 일부 결손되어 있다는 점이다. 이 산소결손 페로브스카이트형 구조는 전체적으로 보면 복잡해서 알기 어려우나, 특징적 구조에 고임계온도의 비밀이 감춰져 있다고 생각된다.

고임계온도에는 구리, 특히 구리(Cu)와 산소(O)의 강한 결합이 중요한 역할을 하고 있다는 것이 많은 사람들의 일치한 의

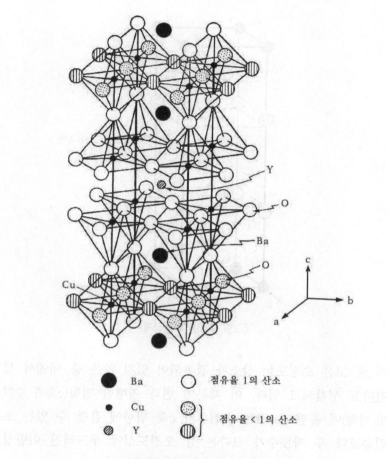

●	Ba	○	점유율 1의 산소
•	Cu	⦿	
◪	Y	◨	점유율 < 1의 산소

〈그림 9-5〉 YBa₂Cu₃O₇₋ᵧ의 구조

견이나, 어떤 역할을 하고 있는가에 대해서는 정설이 없고 각
종 모델이 제안되고 있다. 구리와 산소를 포함한 층에는 노면
과 Ba면에 끼어있는 산소가 결손되어 있지 않은 층과 2개의
Ba면에 끼어 있는 산소가 결손되어 있는 층의 두 종류가 있다.

278

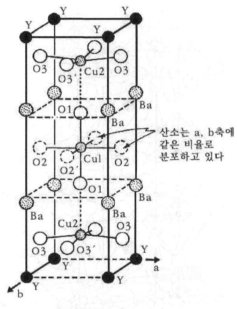

<그림 9-6> 정방정계

이 중 고온 초전도는 산소가 결손되어 있지 않은 층 내에서 생긴다고 생각되고 있다. 이 때문에 면과 평행한 방향(c축과 수직인 방향)에 흘릴 수 있는 초전류가 c축 방향에 흘릴 수 있는 초전류보다 두 자릿수가 크다는 등 초전도성에 두드러진 이방성이 있다.

한편 2개의 Ba면에 끼어있는 산소의 일부가 결손되어 있는 Cu층 내의 산소는 고온과 저온에서 배열이 바뀐다는 것이 알려져 있다. 〈그림 9-6〉과 〈그림 9-7〉에 YBCO 결정의 단위정을 보였으나, 고온(그림 9-6)에서는 산소가 면 내의 a, b축 방향으로 똑같이 분포하고 있으나 저온에서는 산소는 오직 b축

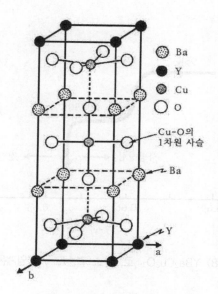

Ba
Y
Cu
O

Cu-O의
1차원 사슬

Ba

Y
a
b

〈그림 9-7〉 사방정계

방향의 격자점을 차지하고, 산소와 구리가 b축 방향으로 배열한 1차원적 사슬이 된다. 이 때문에 고온상(高溫相)에서는 a, b축 방향의 격자 간격이 똑같았던(정방정이라고 함) 것에 대해 b축 방향의 격자 간격이 근소하게 큰 구조(사방정)를 취한다. 고온 초전도는 이 사방정 구조에서 나타나며 정방정 구조에서는 나타나지 않는다.

이 사방정에서 정방정으로의 전이는 화학식 $YBa_2Cu_3O_{7-y}$에서 결손도 y가 0.6을 넘으면 일어난다는 것을 알고 있다. y=0 (산소조성 7)에서는 b축 방향에 CuOCuO……사슬이 생겨 있다. y가 커지면 이 사슬의 산소가 군데군데에서 결손되어 간다. y가 작을수록 임계온도는 높으나 $(T_c=95K)$, y가 커져도 처음에

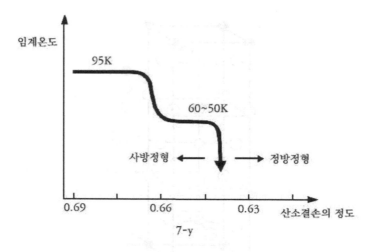

〈그림 9-8〉 YBa₂Cu₃O₇₋ᵧ로, 산소 결손도 y와 임계온도와의 관계

는 T_c는 크게 변하지 않고 $90K$ 정도를 유지한다. 그러나 y가 약 0.3을 넘으면 임계온도는 거의 단계적으로 약 $50K$로 내려 가며, y가 0.6을 넘어 정방정으로 전이할 때까지 이 상태를 유 지한다. 즉 같은 사방정이라도 두 종류의 초전도상이 존재한다.

다음에 대표적 초전도적 성질을 몇 가지 열거해 두겠다. 90 K급 YBCO의 침입깊이는 보통의 초전도와 같은 정도 (10^{-5}~10^{-6}㎝)인 데 비해 코히어런스길이는 1단위 이상 작아 10^{-7}㎝ 정도이다. 이 때문에 YBCO는 제2종 초전도체에서 c축 과 수직 방향(Cu-O면 내)에 자기장을 가하는 경우 상부 임계자 기장 B$_{c2}$는 100테슬라를 넘는다고 추정되고 있다.

터널효과의 실험에 갭이 나타나나 그 크기에 관해서는 양호 한 시료가 얻어지지 않기도 하여 아직 불확정적이다.

자속 양자화의 실험, 조셉슨 효과 및 제2종 초전도의 혼합상태에서의 자속선 밀도의 측정 결과는 모두 전하 $2e$가 주어져 어떤 형태로 전자쌍이 초전도에 관여하고 있다는 것을 시사하고 있다.

이 외에 광반사, 핵자기 공명, 자화율, 비열 등 각종 실험이 행하여지고 있으나 깨끗한 시료, 특히 단결정을 만들기 어렵다는 이유도 있어 전모를 파악하고 있지는 못하다. 작은 단결정 또는 박막 모양의 단결정은 만들어지고 있어 c축 방향과 c축에 수직인 방향의 초전도 특성에 현저한 차이가 있다는 것이 확인되고 있으나, c축에 수직인 면 내의 a축과 b축 방향이 미세하게 뒤얽힌 난잡한 결정밖에 얻어지지 않기 때문에 Cu-O의 사슬 방향(b축)과 a축 방향에 어떤 차이가 있는지도 알지 못하고 있다.

1987년 여름 교토(京都)에서 열린 저온물리학 국제회의에서 BCS 이론의 주역 가운데 한 사람인 B. 슈리퍼는, 지금은 각종 실험 사실을 증류하여 먼지를 제거하고 진실을 선별하는 과정에 들어가 있으며, 이 때문에 깨끗한 시료를 모든 수단을 구사하며 탐색해 나갈 필요가 있다는 것을 강조하였다. $90K$급의 YBCO를 만든다는 것은 쉽지만, 좋은 시료를 만들기는 매우 어렵다. 이제부터는 보다 착실한 연구가 정력적으로 진행되어 나갈 것이다.

고임계온도의 메커니즘은?

6장에서 설명한 BCS 이론에서는 초전도 상태는 전자가 전자 간 인력에 의해 쿠퍼쌍을 형성한 상태로 응축하고 있다는 생각이 기본이 되어 있다. BCS가 생각한 인력은 전자와 격자진동

282

(포논)을 매개로 한 것이나, 다른 메커니즘에 의한 인력에서도 BCS 이론의 범위 내에서 초전도를 설명할 수 있다. 초전도는 아니나 액체헬륨3(^{3}He)의 초유동 상태의 여러 성질도 BCS 이론으로 설명되나 이 경우 ^{3}He 원자 간의 인력은 포논에 의한 것이 아니다. 중요한 것은 ^{3}He 원자가 쿠퍼쌍을 만들고 있다는 점이다.

포논이 관여하고 있는지 알아보는 한 가지 테스트는 동위체 효과이다. 산화물 초전도체에서는 구리가 주위의 산소와 강하게 결합하고 있기 때문에 만일 포논이 관여하고 있다면, 산소 ^{16}O를 동위체 ^{18}O로 치환하면 임계온도 T_c가 동위체 질량 M에 의해 $1/\sqrt{M}$ ($M^{-1/2}$)에 비례하여 변화할 것이라고 기대된다. 이 실험은 미국에서 행해져 $T_c \propto M^a$로 하였을 때 a가 오차범위 내에서 제로인, 즉 동위체효과가 없다는 결과가 얻어진다. 그렇지만 동위체효과가 없다고 해서 곧 포논의 관여를 부정할 수는 없다. 과거에도 오스뮴(Os)이나 루테늄(Ru)에서 동위체효과가 보이지 않는다고 하여 포논 이외의 메커니즘이 거론된 적이 있었으나 결국에는 전자-포논 상호작용이 지배하고 있다는 것이 분명해졌던 역사가 있다.

이상은 YBCO의 경우이나 같은 저전자 농도 산화물 초전도체인 La-Sr-Cu-O(T_c 약 $40K$)에서는 $a \approx 0.17$, Ba-Bi-Pb-O (T_c가 $13K$)에서는 $a \approx 0.22$로 $a \approx 1/2$까지는 되지 않아도 ^{16}O를 ^{18}O로 치환한 효과가 보이고 있다. 이것이 무엇을 시사하고 있는지 현재로는 분명하지 않다. 그러나 T_c가 $90K$ 정도의 고온이 되는 YBCO의 초전도를 보통의 포논 메커니즘으로 설명한다는 것은 무리일 것이라는 의견이 현재로는 대세를 차지하고 있다.

그러면 BCS와 메커니즘이 다른 전자-격자 상호작용이 효과를 발휘하고 있는지, 아니면 이것과 전혀 다른 포논을 매개로 하지 않는 메커니즘이 작용하고 있는 것인지? 또 전자 간 상호작용이 강해지면 BCS 이론은 그대로의 형태로 사용될 수 있는지? 그렇지 않으면 같은 쌍이라도 BCS적인 쌍이 아니고 옛날 샤프로프 등이 생각하였던 것과 같이(6장 참조) 두 개의 전자가 손을 꽉 잡고 전자 분자처럼 움직이고 있는 것일까? 이렇게 되면 BCS 이론의 테두리 밖으로 이야기는 진행되어 간다.

YBCO가 발견된 후 겨우 4개월 정도 사이에 실로 많은 모델이 제안되었다. 그 대부분은 내용적으로 어렵고 여기서 소개하는 것은 곤란하며 또 어떤 모델이 살아남을 것인지 현시점에서는 확실하지 않다. Cu와 O가 면 모양으로 배열해 있는 층과 Cu와 O가 사슬 모양으로 배열해 있는 층의 존재가 중요한 역할을 하고 있다는 등 여러 가지 신호가 보내어져 오고 있으나 아직도 신뢰할 수 있는 정보가 부족한 것이 현재의 상태이다.

응용에의 길

말할 것도 없이 고온 초전도체가 연일 신문을 떠들썩하게 할 정도로 관심을 모은 것은, 응용에 대한 혁명적인 퍼텐셜을 감추고 있기 때문이다. 질소는 공기 속에 풍부하게 있으며 냉동이나 액화도 쉽고 값이 싸다. 헬륨을 필요로 하는 극저온이라는 핸디캡이 거의 없어진다는 것은 대단한 일이며 지금까지 생각하지 못했던 응용으로의 꿈에 다가가게 되었다.

그러나 여러 해에 걸친 착실한 노력에 의해 개발되어 온 종래의 초전도 재료에 대항할 수 있는 성능을 가진 산화물 재료가 제작될 수 있을지는 알 수 없다. 현재 YBCO에 흘릴 수 있는 초전류는 낮고 임계전류 밀도는 초전도 자석에 널리 사용되고 있는 NbTi 합금이나 Nb_3Sn 선재(線材)보다 2단위 내지 3단위나 작아 도저히 실용에는 제공되지 못한다. 하늘은 두 가지 재능을 주지 않는 것일까? 여러 해 임계온도의 최고 기록을 유지하여 온 Nb_3Ge도 각종 시도가 있었음에도 불구하고 임계전류가 낮아 선재로서는 사용되지 못하고 있다.

8장에서 설명한 것과 같이 NbTi이나 Nb_3Sn이 사용될 수 있었던 것은 피닝의 중심이 되는 결함이 빽빽하게 들어 있는 선재가 여러 해에 걸친 제작 기술의 개발로 사용 가능하게 되었기 때문이다. 그런데 최근 NTT의 이바라키(茨城)연구소 그룹이 $SrTiO_3$ 단결정 위에 성장시킨 YBCO의 단결정 박막의 c축에 수직인 층면과 평행으로 전류를 흘리면 $77K$에서 Nb_3Sn보다 높은 1cm^2당 100만 A대의 임계전류 밀도가 얻어지고, 더욱이 8테슬라에 가까운 자기장을 가해도 약 절반 정도가 될 뿐 100만 A에 가까운 값을 유지한다는 것을 보고하고 있다. 이것은 자속선의 피닝 메커니즘을 생각나게 하는 시사적인 성과이다.

Y, Ba, Cu가 1:2:3의 비율로 규칙적으로 들어 있는 YBCO는 매우 안정된 것으로 되어 있으나 결함이 있는 시료는 불안정하며 열화한다. 이 불안정성도 큰 문제로서 기대가 모아지고 있는 일렉트로닉스에의 응용에도 극복하지 않으면 안 되는 중요한 과제이다. 그러나 이미 잡음은 크나 $80K$ 부근에서 동작하는 YBCO를 사용한 SQUID도 시험 제작되고 있어 일렉트로닉스 응용에의 제1보는 내디뎠다고 말하여도 좋다.

이와 같이 응용으로의 길은 결코 평탄하지는 않다. 고도로 발달한 종래의 초전도 재료를 치환할 수 있을까? 또는 고온 초전도의 특이한 성질을 살린, 종래의 초전도체에서는 생각할 수 없었던 응용이 탄생할 것인가? 정말로 안정한 실온 초전도체가 발견될 수 있는가? 앞으로의 연구 개발의 동정(動靜)은 매우 흥미롭다.

산화물 초전도체에서 고임계온도를 가져오는 메커니즘에 대해서는 아직 모색 단계에 있다. 그러나 쿠퍼쌍 그 자체는 아닐지 몰라도 2개의 전자가 손을 잡고 모두 같은 양자상태로 응축하여 아름답고 쌀쌀한 완전 질서를 유지하고 있는 것은 종래의 초전도체와 다르지 않다. 76년 전에 오네스가 스스로 개척한 극저온의 세계에서 발견하여 귀중하게 키워오던 무렵의 이 초전도의 아름다운 질서상태는 조금이라도 온도를 높여 자기장을 가하면 힘없이 무너지는 상아탑에 피는 꽃이었다. 그것이 1960년대로부터 1970년대에 걸쳐 늠름하게 자기장에 견뎌낼 수 있을 만큼 성장하여 왔다. 그리고 오늘날에는 열까지도 견딜 수 있게 되었다. 지금까지 초전도를 길러온 극저온의 풍부한 토양은 결코 잊어버려서는 안 된다. 그러나 초전도 자체는 극저온의 세계로부터 빠져나와 실온의 세계로 가까워지는 새로운 시대를 맞이한 것은 확실하다. 앞으로 어떻게 걸어가고, 변모하여 갈 것인지 새로운 초전도의 역사는 질풍노도의 기세로 시작되고 있다.

초전도란 무엇인가

왜 일어나는가? 어떻게 사용하는가?

초판 1쇄 1991년 04월 30일
개정 1쇄 2020년 02월 25일

지은이 오쓰카 다이이치로
옮긴이 김병호
펴낸이 손영일
펴낸곳 전파과학사
주소 서울시 서대문구 증가로 18, 204호
등록 1956. 7. 23. 등록 제10-89호
전화 (02) 333-8877(8855)
FAX (02) 334-8092
홈페이지 www.s-wave.co.kr
E-mail chonpa2@hanmail.net
공식블로그 http://blog.naver.com/siencia

ISBN 978-89-7044-923-4 (03420)
파본은 구입처에서 교환해 드립니다.
정가는 커버에 표시되어 있습니다.

도서목록
현대과학신서

도서목록

BLUE BACKS